QUWEI WULI TAN

趣味物理探究

主　编　黄国雄
副主编　李丽琼　李　惠　杨宏美

（2023年修订）

山东科学技术出版社
·济南·

图书在版编目（CIP）数据

趣味物理探究 / 黄国雄等主编 . -- 济南：山东科学技术出版社，2007（2023.10 重印）
ISBN 978-7-5331-4818-8

Ⅰ. 趣…　Ⅱ. 黄…　Ⅲ. 物理学－普及读物　Ⅳ. 04－49

中国版本图书馆 CIP 数据核字（2007）第 134957 号

趣味物理探究

QUWEI WULI TANJIU

责任编辑：杨文静　翟羽佳　贾朋泽
装帧设计：孙　佳

主管单位：山东出版传媒股份有限公司
出 版 者：山东科学技术出版社
地址：济南市市中区舜耕路 517 号
邮编：250003　电话：（0531）82098088
网址：www.lkj.com.cn
电子邮件：sdkj@sdcbcm.com
发 行 者：山东科学技术出版社
地址：济南市市中区舜耕路 517 号
邮编：250003　电话：（0531）82098078
印 刷 者：山东新华印务有限公司
地址：济南市高新区世纪大道 2366 号
邮编：250104　电话：（0534）2671218

规格：16 开（184 mm × 260 mm）
印张：10.25　**字数：**180 千
版次：2007 年 2 月第 1 版　**印次：**2023 年 10 月第 8 次印刷
定价：28.00 元

主编简介

黄国雄，全国知名特级教师，国家课程改革专家。

现任湖南省著名示范性高中——株洲市二中物理特级教师，湖南省首批正高级教师，西南大学、广西师范大学、湖南理工学院等高校客座教授、硕士生导师，教育部物理课程标准研制组核心成员，全国中小学教材审定委员会委员，国家高中物理教材副主编，教育部“国培计划”专家库专家，中国物理学会理事、中学分委会副主任。

已在美国、日本、匈牙利、西班牙等国外刊物及国内刊物发表论文 100 余篇，出版专著 10 余部，7 次登上国际学术讲坛，主持多项国家级和省级课题，先后荣获全国“十一五”教育科研成果一等奖、教育部“国培计划”优秀课程资源奖等 8 项省部级科研成果奖。

在国家新一轮基础教育课程改革中，参与了《普通高中物理课程标准》的研制、高中物理教材的编写和审定、全国教师培训教材的编写等工作，多次应邀为教育部“高中新课程国家级研修班”“高中物理新课程骨干培训者国家级研修班”“‘国培计划’——高中物理骨干教师国家级培训班”讲学。

先后被评为全国优秀教师、全国模范教师、全国中小学名师，荣获“徐特立教育奖”。

目 录

力学篇

电学篇

热学篇

光学篇

声学篇

力学篇

1　神奇的双锥体

在光滑斜面上放一个物体，物体由于受到重力的作用，会自动向下滑动或滚动，这是我们非常熟悉的物理现象。可是，一个物体假如能够稳稳当当地静止在光滑的倾斜轨道上，甚至会自动地沿着轨道向上滚，你是否会觉得不可思议？动手试试看，你马上就可以见证这一“神奇”现象。

知识平台

以下知识是进行这一探究活动的理论基础，需要认理解和运用。

机械能守恒定律：在只有重力做功的情形下，物体的动能和重力势能相互转化，但机械能的总量保持不变。

根据机械能守恒定律，物体静止放在光滑斜面上时，在重力的作用下会加速向下运动，重力势能转化为动能。如果给物体施加一个沿斜面向上的初速度，则物体向上作减速运动，动能转化为重力势能。

趣味探究

器材准备

一张稍大的厚白纸，剪刀，圆规（或其他作圆的工具），透明胶带，两根长约 50cm 的光滑长木条（或用直尺、筷子），几本书。

实验探究

先进行探究前的准备工作。

1. 在白纸上画一个半径约 15cm 的圆形，用剪刀将圆形纸片剪出来，然后沿直径将圆形纸片剪成两半，得到两个半圆形纸片。将半圆形纸片边界的两条半径粘在一起，便得到了一个圆锥面。将两个圆锥面的底部粘在一起，就做成了一个双锥体，如图 1 所示。

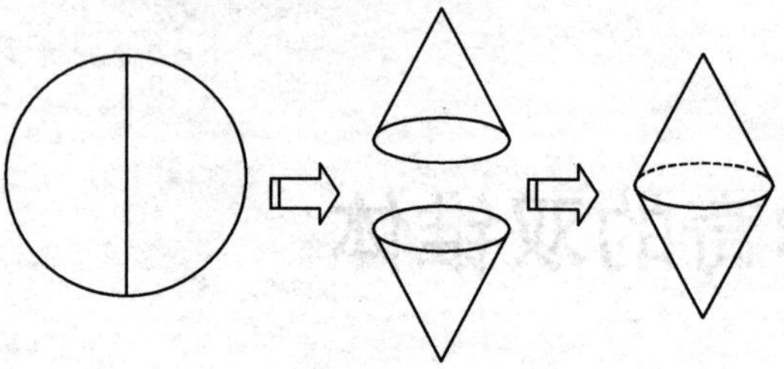

图 1

> **提 示**
>
> 制作双锥体时，要善于与其他同学协作。探究活动中，团队精神非常重要。其他活动也是一样。

2. 用两根长约 50cm 的光滑长木条构成一个"V"形轨道，在"V"形轨道开口的一端垫上一本约 4cm 厚的书，如图 2 所示。至此，准备工作就完成了。

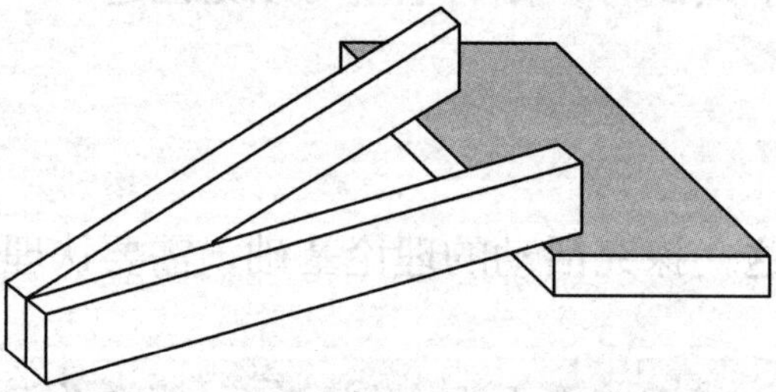

图 2

下面开始我们的探究。

1. 将两根木条之间的夹角 α 调小一点（约为 10°），将双锥体水平横放在轨道中部，如图 3 所示，再将手松开。你看到双锥体在怎样运动？是不是从高处向低处滚动？

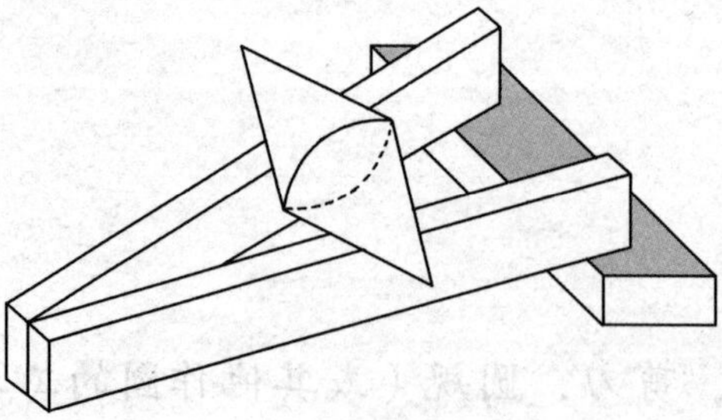

图 3

2. 将两根木条之间的夹角 α 逐渐调大，同样地将双锥体水平横放在轨道中部，再将手松开，你看到双锥体在怎样运动？当两根木条之间的夹角 α 增大到一定程度时，双锥体是不是稳稳地静止在轨道上不动了？很奇怪吧？

3. 将两根木条之间的夹角 α 继续调大，例如，当 α 大约为 30° 时，同样地将双锥体水平横放在轨道中部，再将手松开，你看到双锥体又在怎样运动？是不是从低处向高处滚动了？很神奇吧？

4. 保持两根木条之间的夹角大小不变，通过改变所垫书本的厚度来改变轨道平面与水平面之间的夹角，双锥体的运动情况又如何？是不是同样可以看到向下滚动、静止不动以及向上滚动三种情况？

5. 保持两根木条之间的夹角以及轨道平面与水平面之间的夹角大小均不变，制作顶角各不相同的双锥体，将它们分别放在同一轨道上，双锥体的运动情况又如何？是不是同样可以看到有的双锥体向下滚动、有的双锥体静止不动、有的双锥体向上滚动三种情况？

6. 为什么双锥体会自动地从低处向高处滚动？这是不是与机械能守恒定律以及能量守恒定律相违背呢？

仔细观察，看看双锥体沿着“V”形轨道自动地向高处滚动的过程中，双锥体的重心是在上升，还是在下降。

想一个办法，将双锥体的重心距桌面的实际高度具体地测出来。从中发现什么规律？

我的发现

____

____

____

7. 根据你的发现，尝试解释双锥体为什么会自动“爬坡”。

我的解释

____

____

____

8. 将你的研究感想、收获以及还存在的问题与大家交流。

超级链接

"怪坡"揭秘

生活中也常常有"怪坡"之说。离沈阳市区30千米处的怪坡(图4)就很著名。据说车辆上坡省力，下坡费力。上坡能自动滑行到坡顶，下坡反而需要克服阻力。

当你身临其境，站在怪坡的起点向前望去，的确感到是一段下坡路。驱车前行，在20多米之后，确实有所谓下坡费力之感。转过头来再往回走，车也果真开始滑行，前几十米颇有自动上坡的感觉。

为弄清其中的奥秘，研究人员做了几项实验：

1. 将一只塑料球和一只铁球并排吊起，看到两根引线完全平行，这个对比实验表明，铁球并没有受到坡上磁力的吸引。

2. 指北针显示，当地磁场没有任何异常。

3. 在所谓车往坡上滑的行程中，将水倒在地上，水同样往所谓的坡上流去，和汽车自由滑动的方向完全一致。可见，在这里，车往"高处"滑，水也是往"高处"流的。

4. 用经纬仪进行实地测量后发现，这个感觉是下坡路的"怪坡"，实际上其主体部分仍是一段上坡，只是上坡的坡度比较平缓而已。

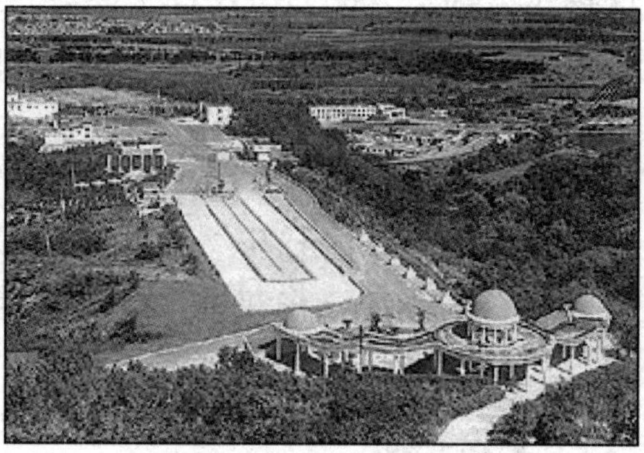

图4　沈阳"怪坡"

原来，肉眼观察的结果只是一种错觉，而这种错觉是由当地的地形地貌的烘托引起的。

● 为弄清"怪坡"的奥秘，请你设计几项实验，简述实验目的和做法。

我设计的实验

● 上网查询，了解国内外还有哪些“怪坡”？人们对“怪坡”现象的解释有哪些观点？你对这些观点有什么看法？与同学交流讨论。

兴趣拓展

研究双锥体沿着轨道自动向上端滚动的条件

通过前面的实验，我们发现，双锥体能否沿着轨道自动向上端滚动，与两根木条之间的夹角、轨道平面与水平面之间的夹角以及双锥体的顶角这三者都有关系。那么，要使双锥体沿着轨道自动向上端滚动，这三者之间必须满足怎样的关系？

请同学们课后自己组成研究小组，共同进行研究，相信同学们通过自己的努力一定会发现其中的规律。

提 示

要使双锥体沿着轨道自动向上端滚动，则要求双锥体在坡上的重心高度低于在坡下的重心高度。

【参考答案】

双锥体沿着轨道自动向上滚动的条件为：

$$\tan\frac{\beta}{2}\tan\frac{\gamma}{2} > \tan\alpha$$

式中α为轨道坡度角，β为双锥体的锥顶角，γ为双轨道的夹角。

2 怎样把鸡蛋竖起来

我们知道，要将一只鸡蛋竖起来，并不是一件容易的事情。正因为如此，哥伦布竖鸡蛋的故事才成为经典美谈，家喻户晓。哥伦布可以在餐桌上把一个熟鸡蛋磕破蛋壳底部之后竖起来，我们能不能应用平衡的知识，在不损坏蛋壳的情况下，把一只生鸡蛋竖起来呢？

知识平台

以下知识与这一探究活动有关，需要认真理解和运用。

物体的稳度：物体的稳定程度用“稳度”表示。物体稳度的大小由重心的高低和支持面的大小两个因素决定。重心越低，支持面越大，稳度就越大。

趣味探究

器材准备

生鸡蛋、熟鸡蛋各一只。

实验探究

1. 尝试将鸡蛋竖起来

拿一只生鸡蛋，尝试将它竖起来。给你5分钟，试试看，是不是很难成功？

2. 观察鸡蛋的内部结构待征

将一只熟鸡蛋（生鸡蛋也可以）较大的一端去掉部分蛋壳，看看鸡蛋内部除了蛋清和蛋黄之外，还有什么？

通过观察可以发现，鸡蛋中较大的一端在两层薄薄的卵膜之间有一个“气室”，如图1所示。

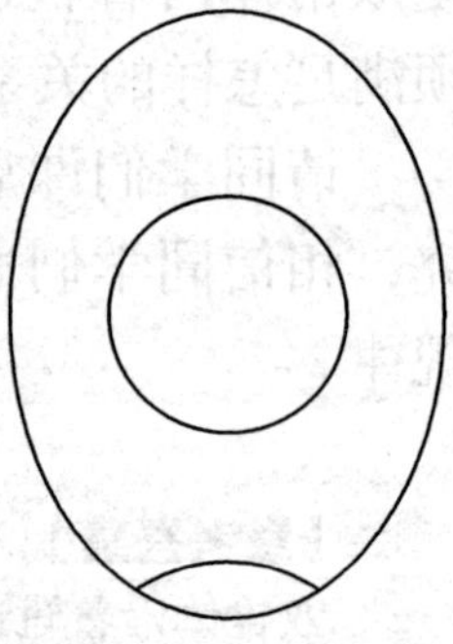

图1

3. 思考降低鸡蛋重心、提高稳度的方法

根据鸡蛋的内部结构特征，我们可以尝试考虑一种降低重心、提高稳度的方法。想想看，可以怎么做？

下面的方法供大家参考。手持生鸡蛋猛力地来回晃动，使卵膜被冲破，这时再将鸡蛋大的一端朝下竖起来时，蛋清和蛋黄就会流入气室。

讨论与交流：在不损坏蛋壳的情况下，怎么确定鸡蛋卵膜是否被冲破？

4. 重新尝试将鸡蛋竖起来

当鸡蛋卵膜被冲破后，再将鸡蛋较大的一端朝下，将鸡蛋在水平桌面上竖立起来，并用手扶住，鸡蛋的重心就下移了。试着找一个这样的平衡位置，当手松开后，鸡蛋就可以平稳地立在桌面上。

5. 讨论鸡蛋竖不起来的原因

按照上述做法，也许不是每个同学都能将自己手中的鸡蛋竖起来，也许不是每个鸡蛋都能竖起来。鸡蛋能否竖起来，也是由很多因素决定的。讨论一下，鸡蛋竖不起来可能有哪些原因？

鸡蛋竖不起来的原因

____

____

____

6. 针对大家讨论的鸡蛋竖不起来的各种可能原因，分析一下你的实验中哪种可能性最大，并提出相应的改进措施，重新实验。

我的改进措施

____

____

____

7. 与同学交流这次活动的感想和收获。

我的收获（来自自己的探究、来自合作同伴的影响、来自互相交流的启迪……）

____

____

____

超级链接

绝活——把两枚硬币立着叠罗汉

只要掌握了平衡原理，再加上足够的细心，就可以把鸡蛋立起来，无论在桌上、地上，还是玻璃上都可以。

据报载，有一位小伙子，除了可以把鸡蛋立起来外，还可以将两枚硬币叠立起来。表演立鸡蛋时，他先将鸡蛋摇晃了一下，在玻璃上轻轻地试了几下，然后松开手，鸡蛋就稳稳地立在那里了。叠硬币时，他将一枚硬币立好以后，又在上面稳稳地叠上了另一枚硬币（图2）。

图2

● 试试看，你能不能将两枚硬币竖直叠立起来。也可以找两个足球或篮球做这个实验。

兴趣拓展

竖鸡蛋的其他方法

把鸡蛋竖起来其实还有很多方法。

例如，非常细心地将一个普通的鸡蛋直接竖立在水平桌面上，只要找到了它的平衡位置，鸡蛋就可以保持平衡。

又如，将一个熟鸡蛋竖立并高速旋转起来，鸡蛋也不会倒下。

● 试一试这些方法，想一想其中的道理，看看还有哪些方法。

3 “平衡鸟”为什么能平衡

在玩具店，我们可以看到一种奇特的玩具——“平衡鸟”。只见小鸟张开两只巨大的翅膀，身体水平悬空，仅仅靠嘴尖搭在一个小小的支点上，整个身体竟能保持平衡，如图 1 所示。使它左右摆动或者上下晃动，它依然稳如泰山。“平衡鸟”为什么能平衡？下面我们一起来探究这一问题。

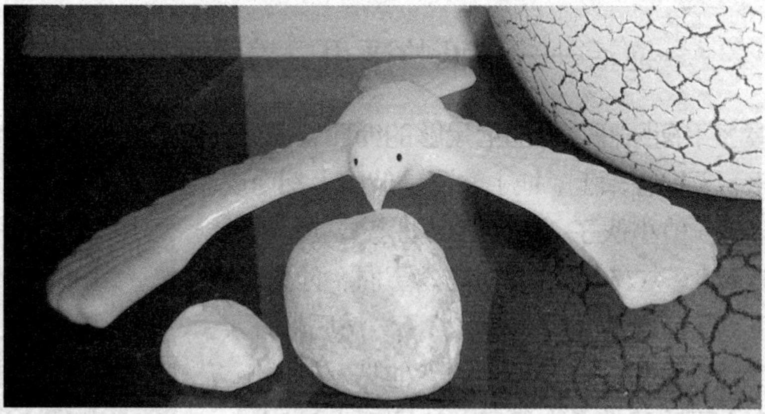

图 1

知识平台

以下知识与这一探究活动有关，需要认真理解和运用。

稳定平衡：物体稍微移开平衡位置后，重心升高，物体将自动回到平衡位置。

不稳定平衡：物体稍微移开平衡位置后，重心降低，物体将不能自动回到平衡位置。

随遇平衡：物体从平衡位置移开，重心高度不变，物体在任何位置都能平衡。

趣味探究

器材准备

玩具平衡鸟，支架，硬纸板，小石块，胶带，细绳，剪刀，小刀。

实验探究

1. 观察平衡鸟的外形特征

仔细观察平衡鸟的外形，注意不同部分的形体大小、位置高低等。看看它有哪些特征？其中哪些特征对鸟的平衡可能产生影响？你有什么发现？与同学交流你的发现。

2. 对平衡鸟的内部结构特征进行猜想

要使平衡鸟能够保持平衡，平衡鸟的内部结构可能会是怎样的？先进行猜想，然后再去观察平衡鸟的内部结构，看看与我们的猜想是否一致。

3. 观察平衡鸟的内部结构特征

如果不打开平衡鸟的外壳，怎么确定其内部结构呢？与同学讨论一下。

提示：可以利用“黑箱”法——给一个内部情况不明的物体（即“黑箱”）输入信息，再从“黑箱”中输出的信息判断“黑箱”的内部结构。

我们可以尝试将一束强光（如太阳光）射在平衡鸟身上，由于平衡鸟的外壳是塑料的，可以透光，通过出射光我们就可以了解平衡鸟内部结构的某些信息。

当然，在不损坏玩具的前提下，你也可以打开平衡鸟的外壳，看看其内部结构与你的猜想是否一致。

4. 测出平衡鸟的重心位置

对于形状不规则的薄板，我们可以用悬挂法测出其重心的位置。对于这只平衡鸟呢？它是立体分布的，怎么测出平衡鸟的重心位置？与同学们讨论一下测量方法，再把平衡鸟的重心实际测出来。它是在平衡鸟的肚子上，还是嘴尖下？或者其他什么地方？与真实的小鸟是不是一样？

提　示

平衡鸟靠嘴尖搭在一个小小的支点上，整个身体就能保持平衡，说明此时重力与支持力在同一条直线上，即平衡鸟的重心位置肯定位于过支点的竖直线上的某点。然后再利用悬挂法，用一根细绳将平衡鸟的翅膀或尾巴系上，手拿细绳将平衡鸟提起来，平衡时，平衡鸟的重心位置肯定位于过细绳的竖直线上的某点。这样，两条直线的交点位置就是其重心的位置。

5. 解释平衡鸟能够平衡的原因

根据平衡鸟的支点和重心的位置，解释平衡鸟能够平衡的原因。平衡鸟的平衡属于哪种类型的平衡？

我的解释——平衡鸟能够平衡的原因

____

____

____

6. 讨论与交流

将你的解释与同伴交流，以取得共识，并实现成果共享。

● 自制一只平衡鸟

你真正了解平衡鸟能够平衡的原因了吗？如果是这样，那么你完全可以自制一只平衡鸟。

在掌握了平衡鸟的平衡原理之后，利用硬纸板、小石块、胶带、剪刀、小刀等材料和工具，或用你能想到的其他材料（如瓶子、盒子之类），自制一只平衡鸟。先进行设计，并画出设计图，再进行制作，最后与大家交流作品和制作经验。

我的设计图

____

____

____

超级链接

骑自行车走钢丝

在一些科技馆内，有一个非常吸引青少年观众的项目——骑自行车走钢丝。

这种似乎只有杂技演员才可以完成的高难度动作，在科技馆里，却可以让任何人潇潇洒洒地过把瘾。

人们是怎样完成这个“高难度”动作的呢？原来，这辆自行车的下面多了一个“配重”，如图 2 所示。这就使人和自行车以及配重组成的系统的重心不再在钢丝绳（支点）的上方，而是落到了钢丝绳的下方。当人和自行车在行驶中发生倾斜时，重心产生的力矩又会把人和车拉回到平衡位置，使你顺利地骑车走过钢丝。

图 2

兴趣拓展

不知疲倦的小鸟

不知你发现没有，这只神奇的平衡鸟还是一只不知疲倦的小鸟。让我们一起做一个实验，将你的右手掌伸开，掌心水平朝上，五指并拢且水平伸直，再使平衡鸟沿手指方向仰卧在你的手掌中。好了，现在松开抓住平衡鸟的左手，你发现了什么现象？平衡鸟又自动地翻过身来了，它似乎不想“睡觉”，是只不知疲倦的小鸟。

重复做几次，看看结果怎样。

● 讨论与交流：平衡鸟为什么会自动翻身？平衡鸟翻身所需要的能量是从哪里来的？

提 示

由于平衡鸟的重心位于嘴尖的正下方，所以，当平衡鸟仰卧在你的手掌上时，重心便处在支点的上方，平衡鸟处于不稳定平衡状态，重力力矩的作用使它自动翻身，平衡鸟翻身所需要的能量是减小的重力势能转化来的。

4　天平的奥秘

天平是实验室中用来称物体质量的最常用的仪器之一，其原理是根据杠杆平衡条件，当天平平衡时，如果天平两边的力臂相等，则两边物体重量相等，而同一地点重力加速度相同，所以两边物体的质量相等。据此原理，砝码放置在托盘上的位置应该会影响天平平衡，事实会是怎样呢？下面我们就来探究天平的奥秘。

知识平台

以下知识与这一探究活动有关，需要认真理解和运用。

二力平衡条件：作用在物体上的两个力，如果大小相等，方向相反，作用在同一直线上，则这两个力称为一对平衡力。即：

$$F=-F'$$

杠杆平衡条件：动力·动力臂＝阻力·阻力臂。即：

$$F_1L_1 = F_2L_2$$

趣味探究

器材准备

细绳、纸盒、支架、直尺、弹簧秤、托盘天平（好的、坏的各一台）、砝码、螺丝刀等工具。

实验探究

1. 用天平称物体的质量

① 将天平放在水平桌面上，调节平衡螺母，使天平平衡。

② 将被测物体（文具盒之类）放在天平左盘，砝码放在天平右盘，并移动游码，直到天平平衡为止。

③ 读出被测物体的质量。

2. 研究改变砝码放置的位置对平衡有无影响

① 当天平平衡时，改变砝码放置在托盘上的位置。例如，将所有砝码放在托盘中央，或将所有砝码放在托盘四周，或将所有砝码放在托盘一侧，观察天平的平衡是否发生了变化，发生了怎样的变化。

② 你还有改变砝码位置的哪些想法？具体做一做，并观察天平的平衡是否发生了变化。

3. 研究改变被测物体放置的位置对平衡有无影响

当天平平衡时，改变被测物体放置在托盘上的位置，比如将物体分别放在托盘的中央、中点靠左、中点靠右、中点靠前、中点靠后，观察天平的平衡是否受到影响。

4. 解剖天平

找一台报废的天平，用工具卸下外壳，观察并研究其内部结构，画出天平内部结构示意图，思考这种结构的优点。

天平内部结构示意图

5. 进行对比实验

（1）对比实验一

如图 1 所示，在纸盒的四个角上系上四根等长的细线，细线的上端捆在一起，再用一根细线将它们吊起来。

如图 2 所示，在纸盒的正中间处放一个重物，用弹簧秤称出纸盒和重物的重量，它在数值上就等于细线对弹簧秤的拉力。

然后，将重物移至纸盒的边缘，再用弹簧秤称出纸盒和重物的重量，如图 3 所示。看看这时细线对弹簧秤的拉力大小和方向是否发生了变化。再看看纸盒的位置、系纸盒的四根细线的位置和形状是否发生了变化。讨论其中的原因。

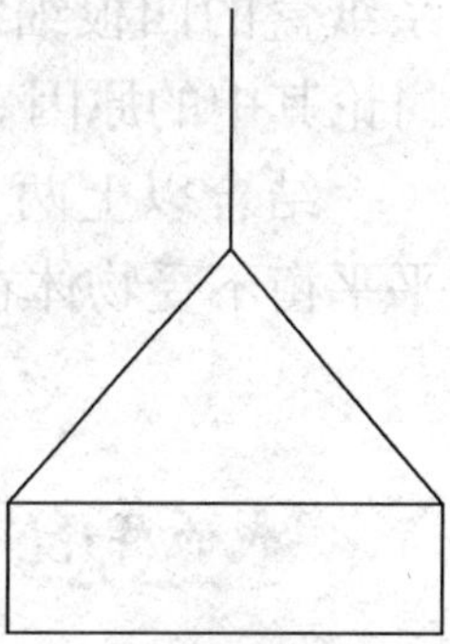

图 1

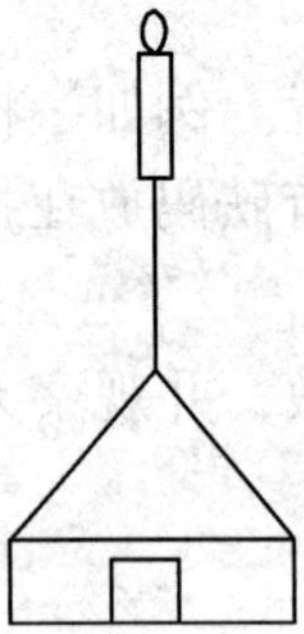
图 2

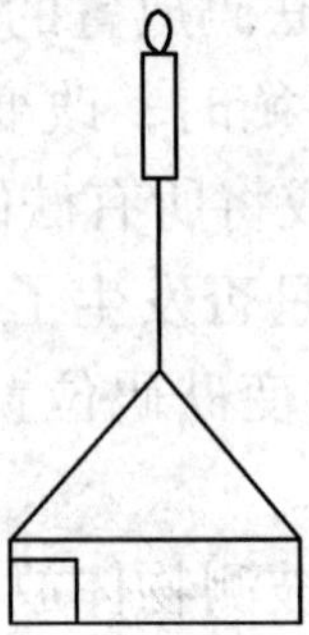
图 3

（2）对比实验二

用直尺和支架做成一个杠杆，在纸盒的正中间处放一个重物，并将纸盒挂在杠杆的一端，再将另一个重物挂在杠杆的另一端合适的位置，使杠杆处于平衡状态，如图 4 所示。

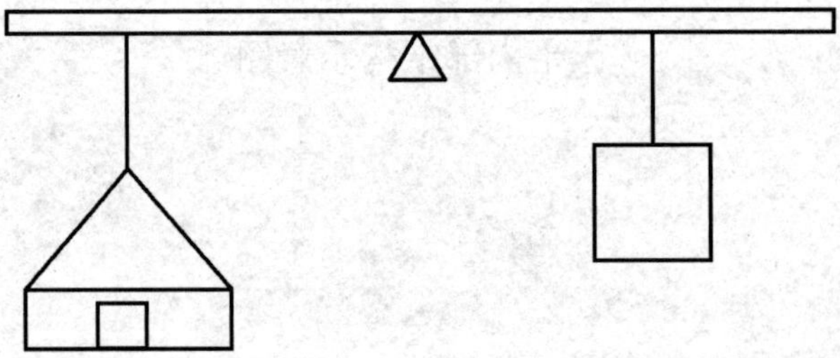
图 4

然后，将重物移至纸盒的边缘。看看这时杠杆是否平衡。再看看上面这根细线的位置、纸盒的位置、系纸盒的四根细线的位置和形状是否发生了变化。讨论其中的原因。

结合以上两个对比实验，进一步讨论并解释天平平衡不受物体在托盘上的位置影响的奥秘所在。

提 示

根据平衡条件，重力与拉力必须在同一竖直线上，所以，盒子一定会发生倾斜，使盒子与重物的重心移到竖直细线的正下方。

我的解释

超级链接

天平的灵敏度

天平的灵敏度是指在天平的一个称盘上增加 1.0mg 时，所引起指针偏转的程度。指针偏转越大，则该天平的灵敏度愈高。

设等臂天平的臂长为 l，d 为重心 G 到支点的距离，W 为梁重，当右边称盘上增加重量 m 时，指针偏斜角为 α，则：

$$\alpha = \frac{ml}{Wd}$$

当 $m = 1\text{mg}$ 时，

$$\alpha = \frac{l}{Wd}$$

此式即是灵敏度的简易公式。

由以上公式可知，天平的灵敏度与下列因素有关：

（1）天平的臂越长，灵敏度愈高；

（2）天平的梁重越重，灵敏度愈低；

（3）支点与重心间的距离越短，灵敏度愈高。

但是天平的灵敏度并非仅与这三个因素有关，还与天平梁载重时的变形、支点和载重点的玛瑙刀的接触点（即玛瑙刀的刀口的尖锐性及平整性）有关。所以，天平梁制成三角状，中间挖空，三角状顶上设一垂直的灵敏度调节螺丝，水平方向设置两个零点调整螺丝，支点玛瑙刀口略低于载重点玛瑙刀口的“翘梁”式，且天平梁的材质采用铝合金或钛合金等轻金属合金制成。

三角状“翘梁”是为了减少变形影响，挖空及轻金属材质是为了减轻梁重，灵敏度调节螺丝是利用螺母本身质量的高低位置来调节 d 的长度，水平零点调节螺丝是利用螺母质量调节螺母离支点的距离来调整力矩的大小改变零点位置。

● 试推导天平灵敏度的简易公式。

兴趣拓展

研究杆秤的平衡

日常生活中常用的杆秤也是根据杠杆平衡原理制成的。杆秤的平衡是否会受被称物体在托盘上的位置的影响？其他因素（如提钮放置的位置、托盘平放与斜放等）是否会对平衡造成影响？通过实验进行研究。

5　纸环吊人

一张普通的白纸，只要轻轻用力一撕，就可以将它撕破。可见，纸是多么不结实。然而，如果你用力沿着纸平面的方向欲将一张纸拉扯断，却比较困难。一张纸条能够承受多大的拉力呢？你能不能用纸条做个纸环可以把你自己吊起来呢？

趣味探究

器材准备

报纸、打印用的白纸、包装用的牛皮纸、画报纸、挂历纸等不同类型的纸张各若干张，剪刀，刻度尺，胶带，一根长约50cm的光滑圆木棒（或金属管），钩码，弹簧秤，你认为需要的其他器材。

实验探究

一、纸张的单位长度上能承受多大的拉力

1. 要探究纸张的单位长度上能承受多大的拉力，请你先尝试猜想一个数据，然后设计一种实验方案，画出实验装置图。

我设计的实验装置图

2. 将你设计的实验方案与其他同学讨论，修改并完善你的实验方案。

3. 按照你的实验方案进行实验，记录实验数据，得出实验结果。

该探究也可按以下方案进行：

用一张打印用的白纸，做两个宽度为 1cm 的纸环，结合处用胶带粘好；

将一支较长的圆柱形铅笔从两个纸环中穿过，再将铅笔的两端搭在两张等高的课桌之间；

将一支较短的圆柱形铅笔穿过两个纸环，并挂在纸环上；

在短铅笔上挂上钩码，并逐渐增加钩码的重量（如图 1 所示），直到纸环被拉断为止；

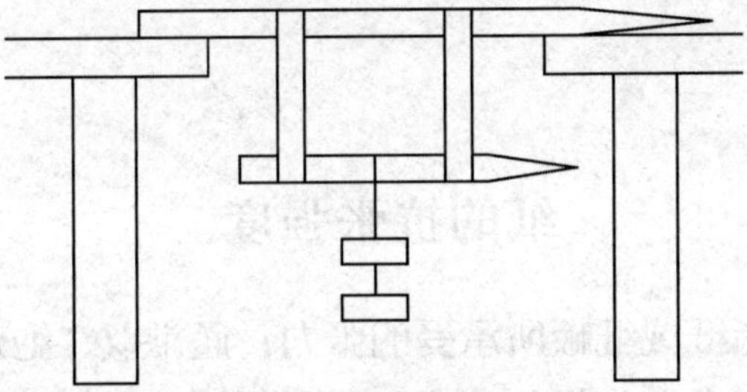

图 1

用弹簧秤称出钩码的重量；

算出纸张的单位长度上能承受的最大拉力，大小为 ____________。

测出的结果与你的猜想基本吻合还是相差很大?

4. 用同一张打印用的白纸，沿不同的方向裁剪纸条，做成纸环，重复上面的实验，看看结果有什么不同，并思考其中的原因。

5. 换用不同质量的纸（如画报纸、挂历纸等），重复上面的实验，看看结果有什么不同，并思考其中的原因。

6. 比较一下，在常见的不同类型的纸张中，哪些纸张的抗拉能力较强，哪些纸张的抗拉能力较弱。

二、至少用多宽的纸条做成的纸环才能把你自己吊起来

算出了纸张单位长度上能承受的最大拉力之后，请你想一想至少用多宽的纸条做成的纸环才能把你自己吊起来？

设计一种实验方案，画出实验装置图，简单叙述实验步骤，实际做一做，并得出结果。

我设计的实验装置图

● 比一比，看谁做的纸环宽度最小，谁做的纸环单位长度上承受的拉力最大。

超级链接

纸的抗张强度

纸的抗张强度是指纸或纸板所承受的张力，通常以“绝对抗张力”表示，即一定宽度的纸张的抗张力（牛顿）；或以“裂断长”表示，即一定宽度的纸条在本身重力作用下将纸拉断时所需的纸张长度（米）。抗张强度是纸的物理特性中的重要参数之一。

● 交流与讨论：一定宽度的纸条在本身重力作用下将纸拉断时，所需的纸张长度是一个比较大的数值。若手头拥有的纸张长度不够，能否用一种较简单的方法来测量纸的“裂断长”。

兴趣拓展

“轻功”表演——踩鸡蛋

用两个小小的纸环就可以承受一个人的重量，真像是“轻功”表演。你还可以做另一个“轻功”表演——踩鸡蛋。只要用几个鸡蛋就能承受一个人的重量，我们可以设计怎样的实验装置？至少用几个鸡蛋？具体做一做，并不断改进你的实验方案。

提示

实验时，鸡蛋不能直接放在坚硬的桌面上，鸡蛋下面可以垫一块泡沫塑料板，或其他软垫。鸡蛋上面也可以铺一块泡沫塑料板。然后，人再站在泡沫塑料板上面。此外，为避免鸡蛋被踩破，流出的液体污染桌面，可以将鸡蛋煮熟，再用保鲜袋包裹一下。

6　一张纸最多能对折几次

将一张纸对折一次，再沿与第一次的折线垂直的方向对折第二次，接着再沿与第二次的折线垂直的方向对折第三次，依此类推……这是多么简单而容易的一件事情。可是，你想过没有：一张纸究竟最多可以重复对折多少次？对折次数的多少与哪些因素有关呢？下面我们就来研究这些问题。

趣味探究

器材准备

各种不同大小、厚度、材料的纸张（如报纸、打印用的白纸、包装用的牛皮纸、画报纸、餐巾纸、卷筒纸等），裁纸用的小刀，刻度尺，螺旋测微器。

实验探究

1. 先拿一张报纸准备对折，但在动手折纸之前，先进行猜想：你认为这张报纸最多可以沿互相垂直的方向重复对折多少次，5次？10次？20次？100次？或者更多？写出你猜想的数字。

我的猜想：__________次。

2. 将这张报纸沿互相垂直的方向重复对折，一直到不能继续对折下去时为止，记下对折的次数，并与同学交流，看看与其他用同样的报纸做实验的同学所得到的实验结果是否一样？

我的实验结果：对折__________次。

其他同学的实验结果：对折__________次。

3. 拿一张与报纸的大小、材料、厚度不同的纸，开始对折，看看你手中的这一张纸最多对折了多少次？并与大家交流结果。每个人的结果都一样吗？

我的实验结果：对折__________次。

其他同学的实验结果：对折__________次。

● 算一算：如果要把报纸对折 9 次，重叠的纸张数将达到多少？

计算结果：____________________。

4. 下面我们探究一张纸可以重复对折的最大次数与纸的大小、厚度以及材料中的哪些因素有关。

探究 1： 一张纸可以重复对折的最大次数与纸张的大小有关吗？

探究 2： 一张纸可以重复对折的最大次数与纸张的厚度有关吗？

探究 3： 一张纸可以重复对折的最大次数与纸张的材料有关吗？

探究 4： 你自己提出的其他研究课题。

提　示

要研究一张纸可以重复对折的最大次数与纸张的大小是否有关，那就要求所选用的纸张除了大小不同外，其他所有的条件（如纸张的材料、厚度等）都相同。所以，我们可以设计这样一种实验方案：选用一张普通的报纸（如同《中国青年报》大小），展开后作为实验用的 1 号纸；再找一张同样的报纸，裁下其中的一半作为实验用的2号纸；后面的3号纸、4号纸等大小依次减半；一共选到 10 号纸。用这十张纸进行实验，记下每张纸的大小，猜想每张纸最多可以对折多少次，再具体做一做，看看实际能够对折的最大次数是多少，记录结果并寻找规律。

每个小组确定 2~3 个准备探究的课题，每个同学先思考并提出一种探究方案，再与小组的同学交流，共同确定一个较为理想的方案，进行实验探究，并记录实验结果，通过对实验结果进行分析论证，得出实验结论。

我的实验方案

____

____

____

提　示

为了进行比较，要依次改变某一个因素，而其他因素要控制不变。

5. 在上述实验过程中，你还发现了一些什么问题，将它们提出来与大家讨论。

我的实验结果

____

____

____

我要提问（几个需要请教和希望与大家交流的问题）

____

____

____

超级链接

民间传说——棋盘与谷粒

在很久以前，古印度有一个国王，他终日斗鸡赌马，不问朝政。他的最大乐趣就是追求那些稀奇古怪的游戏。一天，他感到宫廷所有的一切可供玩赏的东西都腻烦了，于是下令张榜招贤，如果有人能创造一种新鲜的游戏博得国王的欢心，他将按发明者的意愿给以重赏。

不久，一名学者将他发明的国际象棋献给了这位国王。国际象棋的棋盘是由64个小方格组成的正方形，共32个棋子，每方各16个，它包括王1枚、王后1枚、仕2枚、马2枚、车2枚、卒8枚。双方的棋子在格内移动，以消灭对方的王为胜。

国王玩得爱不释手，心中大喜。事后，他问这位学者愿意要什么赏赐。学者说："我只有一个小小的要求，请您在这个棋盘上第一格放1粒谷子，第二格放2粒谷子，第三格放4粒谷子，以后每个格子比前一格多放1倍的谷子，放满64格，这点赏赐我就心满意足了。"

国王心想，这点谷子对我来说算得了什么呢？于是满口答应，吩咐大臣去取谷子。计数谷粒的工作开始，谷粒数一格接一格增长得那样迅速，很快就看出，即便拿来全国的粮食，国王也兑现不了他许下的诺言。

● 算一算，这位学者要求赏赐的谷子到底有多少粒？估算一下，这些谷子的质量大约是多少千克？

计算结果：谷子有 __________ 粒。

估算结果：谷子有 __________ kg。

兴趣拓展

换一种折纸方式

将一张报纸，每次都沿互相平行的方向对折，最多可以重复对折多少次？是否会比依次沿互相垂直的方向对折的次数多些？先猜一猜，再实际做一做。为什么会出现这样的结果？

再找一筒卷筒纸，取足够长的卷筒纸重复上述实验，结果如何？

7　帆船可以逆风行驶吗

帆船是利用风帆借助风力前进的。一般情况下，船顺风前进时就把风帆扬起来，将风力作动力推动船行驶，而遇到逆风时则要把风帆收起来，船要依靠其他动力行驶。那么，只凭借风力，帆船可以逆风行驶吗？先不要忙于下结论，我们通过实验来说话。

知识平台

以下知识与这一探究活动有关，需要认真理解和运用。

弹力：发生形变的物体由于要恢复原状，对与它接触的物体会产生力的作用，这种力叫作弹力。弹力的大小跟物体发生的形变有关，弹力的方向总是垂直于接触面，跟物体恢复原形状的方向一致。

力的合成：求互成角度的两个力的合力，叫力的合成。力的合成不是简单地将两个力相加减，而是用表示两个力的有向线段为邻边作平行四边形，这两个邻边之间的对角线就表示合力的大小和方向。这就是平行四边形定则。

力的分解：力的分解是力的合成的逆运算，通过用已知力为对角线作出力的平行四边形，两邻边的长度按同样比例表示分力的大小，两邻边的指向表示分力的方向。

趣味探究

器材准备

帆船模型（自制），电风扇，容器（作水池用），铅笔，直尺，三角板。

实验探究

一、一则逆推力而行的模拟实验

1. 将直尺和三角板放在光滑的水平桌面上，使三角板较长的一条直角边 AB 与直尺的一边紧靠在一起。

2. 用手按住直尺，使它固定不动。用一支铅笔沿图 1 所示方向推三角板的斜边 AC，观察三角板如何移动？是不是沿从 A 指向 B 的方向移动？

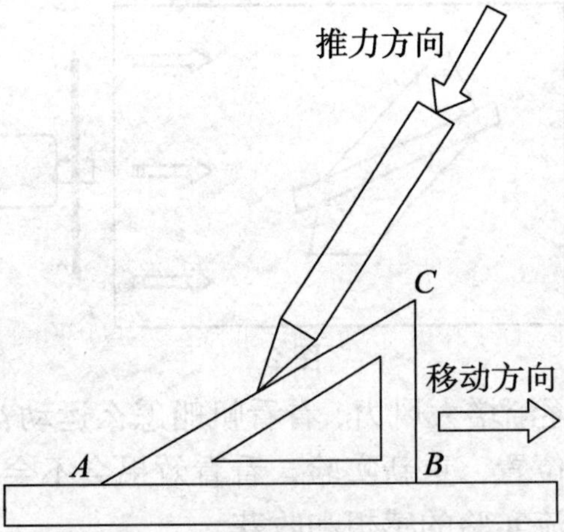

图 1

3. 思考与讨论：铅笔推三角板是逆着三角板前进的方向的，为什么其效果却导致三角板逆推力而行呢？画出三角板的受力图，通过受力图分析其原因。

三角板的受力图

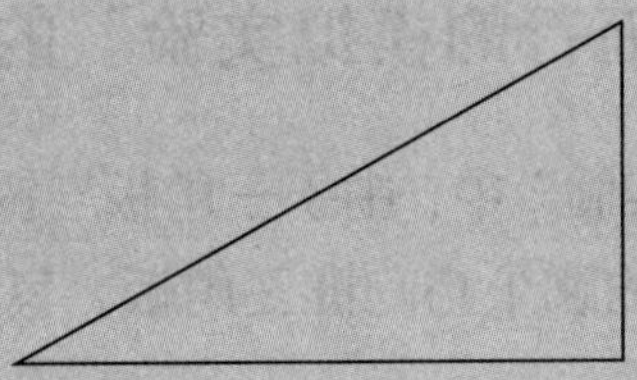

二、逆风行船实验

1. 讨论与交流：在上述模拟实验中，如果 *AC* 代表风帆所在的平面，*B* 代表船头，*A* 代表船尾，*AB* 代表船头和船尾的连线方向，那么，哪个方向代表风速的方向？直尺对三角板 *AB* 边的作用力相当于船的哪个部位受到的什么物体施加给它的力？

> **提　示**
>
> 铅笔推力的方向代表风速的方向。直尺对三角板 *AB* 边的作用力相当于船体的右侧受到的水施加给它的阻力，由于船体的侧面面积很大，所以，船要想朝侧面运动的话，受到的阻力也会很大。

2. 选用合适的材料制作帆船模型。注意船体的侧面面积要尽可能做大些。

3. 将一台电风扇放在作水池的容器旁，将帆船模型放入水中，如图 2 所示。根据你的设想调节好船和帆的位置。

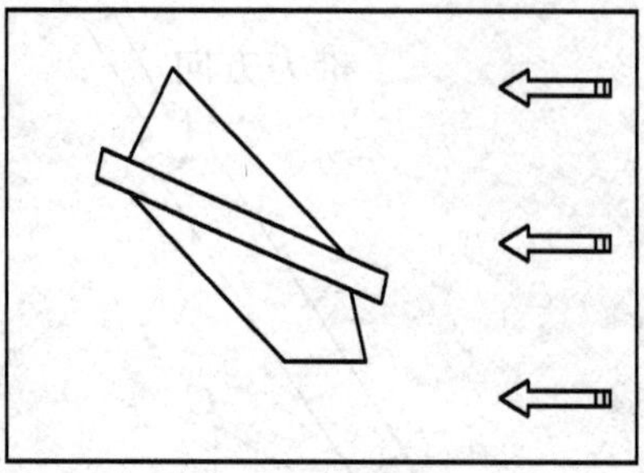

图 2

4. 打开电风扇，逐渐增大风力，看看帆船怎么运动？能不能逆风而行？

5. 调整船和帆的位置，重新实验，看看效果会不会更好一些。

6. 与其他同学交流实验的感想和收获。

我的收获（来自自己的探究、来自合作同伴的影响、来自互相交流的启迪……）

____

____

超级链接

“逆推力而行的模拟实验”的受力分析

在“逆推力而行的模拟实验”中，由于三角板与铅笔之间的接触面是光滑的，所以，无论铅笔从水平面内的哪个方向推三角板，其作用力 N 的方向始终是垂直 AC 的，如图 3 所示。

压力 N 可以分解为两个分力 N_1 和 N_2，N_1 的效果是推着三角板沿 AB 方向移动，N_2 的效果是使三角板与直尺互相挤压，于是直尺对三角板的 AB 边会产生一个推力 P，与 N_2 抵消。所以，三角板就会逆推力而行了。

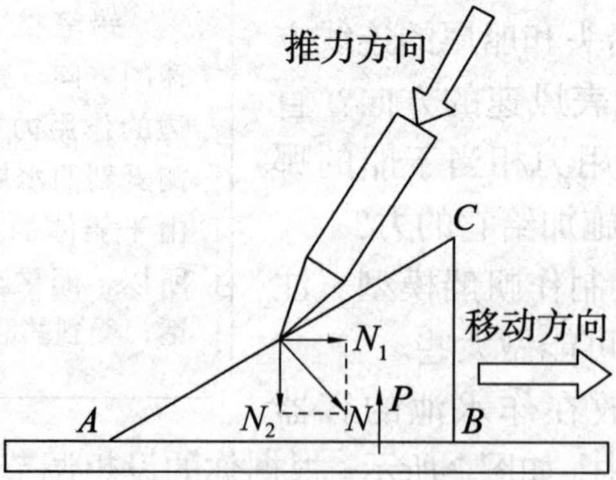

图 3

兴趣拓展

逆推力而行的其他实验

● 想一想，你还见过哪些逆推力而行的情况？

● 你还能做几个逆推力而行的实验并解释其原因吗？

> **提 示**
>
> 物体从静止开始运动，其运动方向取决于合外力的方向，而不是由推力决定。如果物体有初速度，情况就更为复杂，其运动方向由合外力的方向、初速度的方向以及合外力与初速度的夹角三者共同决定。

8 小船会朝哪个方向运动

一艘借助电风扇的风力运动的小船，它会朝哪个方向运动呢？了解作用力和反作用力规律的同学似乎会觉得这个问题太简单了。其实不然。下面的几种情形中，某些实验结果也许会出乎你的意料之外。

知识平台

以下知识与这一探究活动有关，需要认真理解和运用。

> 牛顿第三定律：两个物体之间的作用力和反作用力总是大小相等，方向相反，作用在同一条直线上。
>
> 牛顿第二定律：物体的加速度与物体受到的合外力成正比，与物体的质量成反比，加速度的方向与合外力的方向一致。

趣味探究

器材准备

小台扇，大块的泡沫塑料，薄木板，细木条，胶带，较大的纸盒（能够把小台扇罩住），小刀。

实验探究

一、制作一只小船

用一块大而厚的泡沫塑料通过适当的切割，做成一只能承载小台扇、木板、纸盒等物品的小船。也可用几块不太大的泡沫塑料，用胶带粘在一起，做成一只小船。将小船放入水池或盛水的大容器中。

> **提示**
> 小船的两端要做成尖的形状，以减小行驶时的阻力。

二、研究小船的运动情况

对以下情形，先做出猜想，再进行实验。最后从理论上加以分析论证。

1. 将小台扇放在船上，并接通电源，如图1所示，小船朝哪个方向运动？
2. 改变木板的大小，情况又有什么不同？
3. 改变风速的大小，情况又有什么不同？

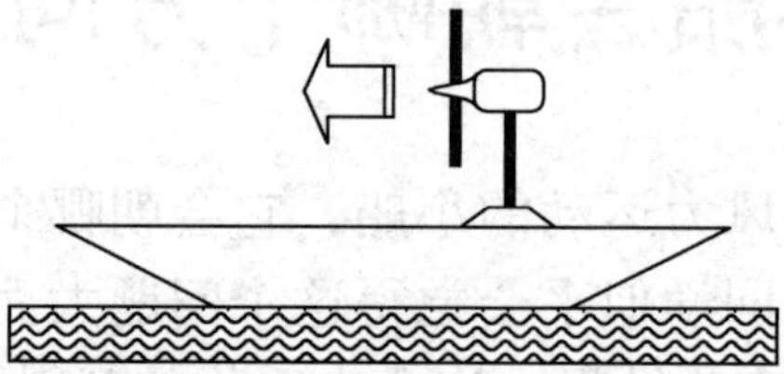

图 1

4. 用细木条做支架，利用胶带将一块较大的木板竖直固定在小船上，将台扇放在船边的岸上，并正对着木板吹风，如图2所示，小船朝哪个方向运动？
5. 改变木板的大小，情况又有什么不同？
6. 改变风速的大小，情况又有什么不同？

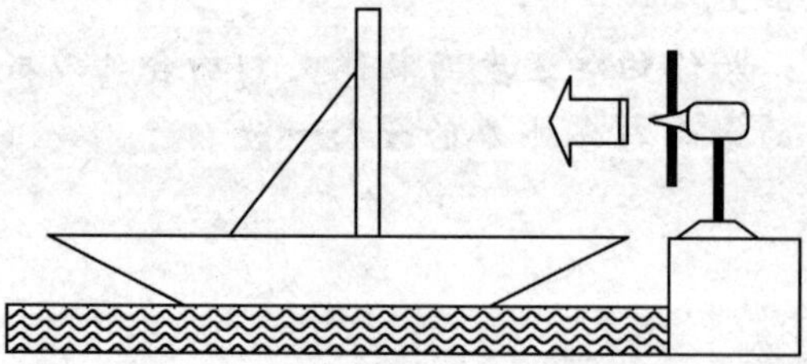

图 2

7. 将台扇搬回到船上，正对着木板吹风，如图3所示，小船朝哪个方向运动？
8. 改变木板的大小，情况又有什么不同？

9. 改变风速的大小，情况又有什么不同？

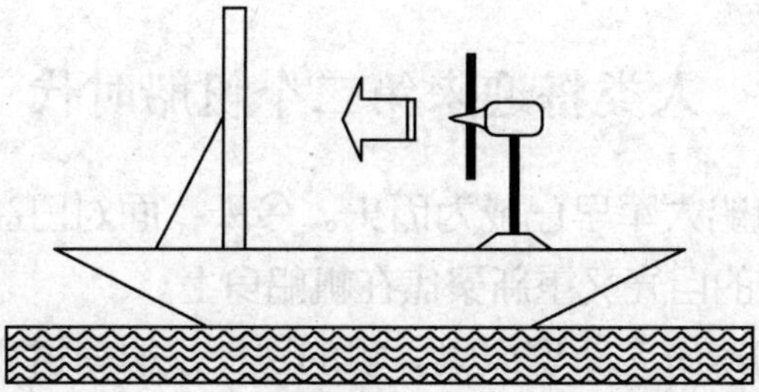

图 3

10. 将台扇搬到船上，正对着木板，再用一个纸盒将台扇和木板罩住，如图 4 所示。注意密封性要好，可用胶带将漏风处封住。打开台扇电源后，小船朝哪个方向运动？

11. 改变木板的大小，情况又有什么不同？

12. 改变风速的大小，情况又有什么不同？

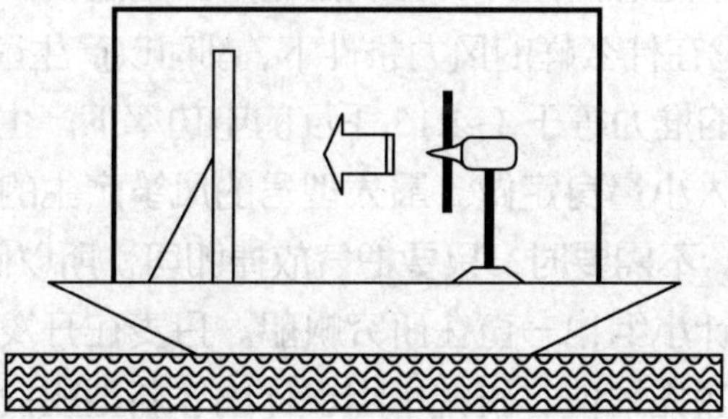

图 4

实验现象记录

____

____

____

我的分析

____

____

____

13. 讨论与交流。将你的分析与其他同学进行交流讨论，进一步完善自己的分析。

超级链接

人类将迎来第二个帆船时代

世界上庞大的帆船大军早已成为历史。今天，面对日益严峻的能源危机与环境危机，一些科学家的目光又重新聚焦在帆船身上。

不少国家都在加紧研究新型风帆。帆的设计是很有讲究的，如果想推动船只前行，便需要帆呈风板形，但只有在有强风的情况下，风帆才能推动船只航行。一旦风力过小，或者风不断变换方向，帆就失去了作用，有时候甚至产生拉力，而不是推力。

德国工程师设计了巨大的充气风筝，风筝借助海面上的强风，拉动船只在海上航行。这种风筝能够在 100~500 米的高度飞行，通过系紧在船体上的缆绳牵引船只航行。在海平面以上大约 500 米的空中，风力大，变化小，用这个高度的风提供动力，是一种比较理想的选择。它利用电脑自动驾驶仪和风传感器来计算风筝最适宜的位置，无论在什么样的风力条件下，都可以产生最大的推力。据测算，它平均每平方米产生的推力等于 1~1.15 千瓦的电功率下产生的推力，而且风筝的样式可以根据船只的大小量身定做。最大型号的风筝产生的推力相当于大型船只的发动机产生的动力。不需要时，只要把气放掉即可，所以储存也不成问题。

丹麦一个船舶设计小组也一直在研究帆船。丹麦在开发用于发电的风力涡轮机方面一直处于世界领先地位。研究小组设计出了新型船只，还提出了传统风帆的替代方案。利用从航空航天工业“借来”的材料，将高性能的钢材作为桅杆，用玻璃纤维制成风帆，玻璃纤维的外形与飞机机翼相似。风帆后缘的副翼一旦伸展，就能够产生更多的推力，同时也能缩回来使气动阻力达到最小，这在仅仅使用发动机动力时显得至关重要。风洞实验结果同时显示，这种设计的效率是安装在传统帆船上的帆的两倍。

兴趣拓展

风帆的设计

上网查阅风帆设计的有关资料。了解制造风帆的材料有哪些？风帆的形状有哪些？这些设计有什么优点？

9　有趣的轨道问题

物体沿着光滑斜面下滑，这是物理学中最普通的一种模型，它的运动情况人人皆知。如果将斜面进行改造，变换成各种不同形状的曲面和轨道，我们就可以发现很多有趣的轨道问题。下面我们就共同来探究这类问题。

知识平台

以下知识与这一探究活动有关，需要认真理解和运用。

机械能守恒定律：在只有重力（和弹簧的弹力）做功的情形下，物体的动能和重力势能（及弹性势能）发生相互转化，但机械能的总量保持不变。这个结论叫机械能守恒定律。

物体沿光滑斜面下滑的加速度：物体沿倾角为 θ 的光滑斜面下滑，由牛顿第二定律可以算出，其加速度的大小 $a = g\sin\theta$。

趣味探究

器材准备

凹形塑料槽，底座，各种大小的钢球、乒乓球、实心球、足球、排球、篮球等。

实验探究

用塑料槽和底座制作各种轨道，并进行下列研究。

一、同形状轨道

1. 制作两个完全相同的凹槽轨道，如图 1 所示。

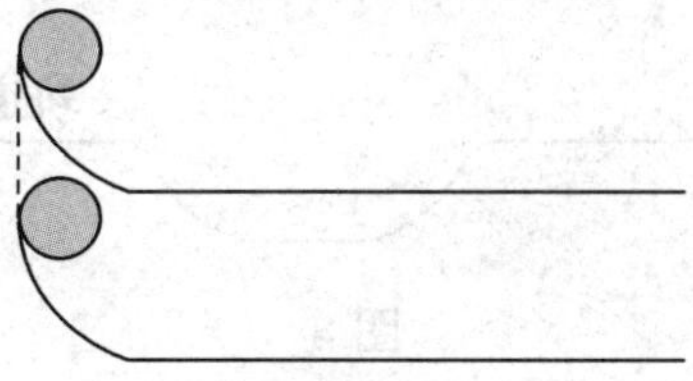

图 1

2. 用两个质量相同但大小不同的球从等高处滚下，谁先到达轨道末端?

3. 用两个质量不同但大小相同的球从等高处滚下，谁先到达轨道末端?

4. 用两个质量、大小均不相同的球从等高处滚下，谁先到达轨道末端?

● 在以上研究中，先猜想，再实验，并通过讨论，对实验结果做出解释。

二、同长度轨道

1. 用两根同样长度的凹形塑料槽，一根做成直轨道，另一根中间挂一个钩码，做成弯曲轨道，两者高度差相同，如图 2 所示。

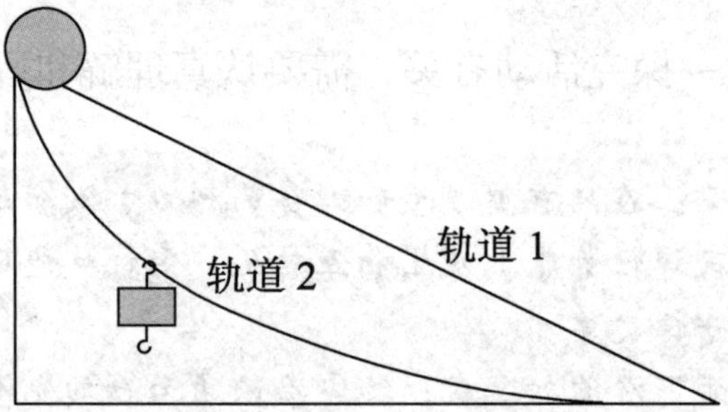

图 2

2. 用两个相同的乒乓球分别从两个轨道的顶端由静止释放。谁先滚到轨道末端?

● 在以上研究中，先猜想，再实验，并通过讨论，对实验结果做出解释。

三、有凹陷的轨道

1. 用两根凹形塑料槽做成两个轨道，形状如图 3 所示，两者的唯一区别在于轨道 2 的水平段有一个凹陷（凹陷部分的最底端一段仍然是水平的）。

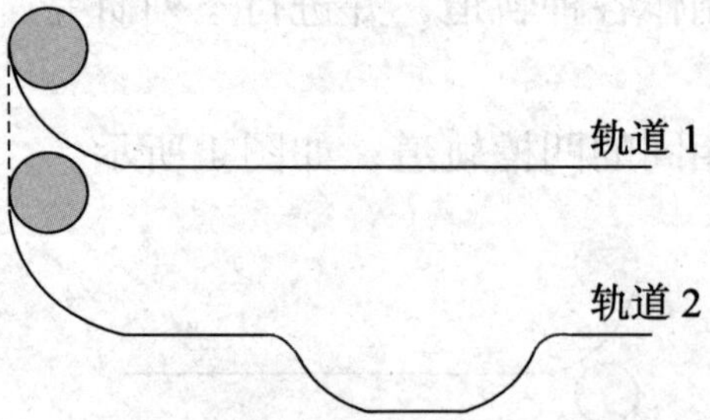

图 3

2. 用两个相同的钢球分别从两个轨道的顶端由静止释放，谁先滚到轨道末端?

3. 改变轨道 2 中水平段凹陷部分的水平段长度，用两个相同的钢球分别从两个轨道的顶端由静止释放，谁先滚到轨道末端？这种情形下小球经过轨道 2 所花的时间与步骤 2 中小球经过轨道 2 所花的时间相比，谁更短些？

4. 改变轨道 2 中水平段凹陷部分的深度，用两个相同的钢球分别从两个轨道的顶端由静止释放，谁先滚到轨道末端？这种情形下小球经过轨道 2 所花的时间与步骤 2 中小球经过轨道 2 所花的时间相比，谁更短些？

5. 将两个相同的钢球换成两个相同的乒乓球，重复上述步骤 1~4，看看球的质量大小会不会对实验结果有影响。

● 在以上研究中，先猜想，再实验。实验结果是不是出乎你的意料？你能对此给出解释吗？

我的发现

___

___

___

我的解释

___

___

___

四、自创轨道

尝试利用凹形塑料槽自己设计并制作几种其他形状的轨道，画出轨道的形状，并利用这些轨道再设计几个实验，具体做一做，看会有怎样的现象发生，并思考其中的道理。

我设计的轨道

超级链接

用“图像法”分析物体的运动

“图像法”是利用各种图线来分析解决问题的方法，它具有简便、直观的特点。例如，在上述探究二“同长度轨道”的问题中，我们抓住“物体末速度大小相等”的特征，作出 v（速率）$-t$（时间）图像，如图 4 所示，并注意到 $v-t$ 图像中，图线上过某一点的切线的斜率等于物体此时的加速度，图线下方的面积在数值上等于物体经过的路程。由 $v-t$ 图像便可看出物体沿不同轨道运动的时间大小。

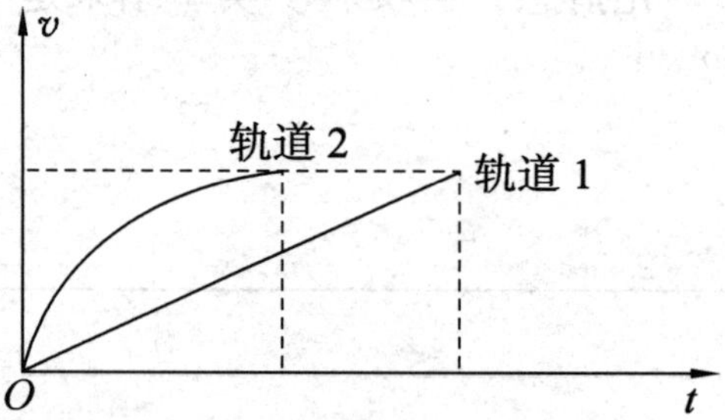

图 4

兴趣拓展

物理建模

构建物理模型是研究物理问题的一种重要方法。为了对上述探究三“有凹陷的轨道”作出解释，我们可以构建一个简化的物理模型，如图 5 所示。设物体在 A 点的速度大小为 v_A，试讨论物体分别从 AB 轨道和 $ACDB$ 轨道到达 B 点的时间。

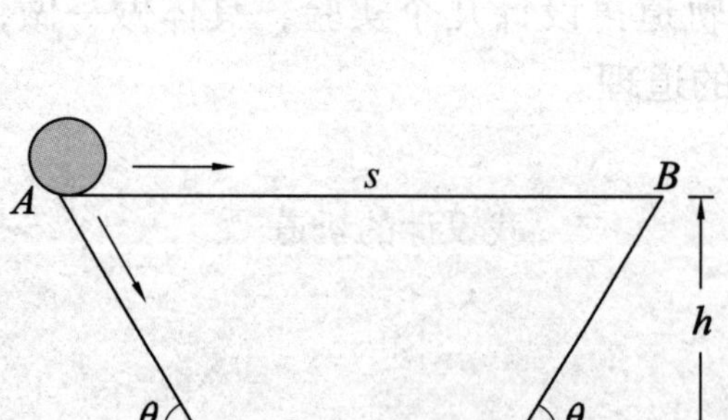

图 5

10 谁滚动得更快

两个相同的圆柱形空饮料瓶，同时从一个斜面上向下滚动，它们的滚动快慢是一样的。如果在两只空瓶内分别装满水和细沙，或者一只装满细沙，另一只仅装半瓶细沙，放上斜面后，谁会滚动得更快呢？为什么会出现这样的结果呢？

知识平台

以下知识与这一探究活动有关，需要认真理解和运用。

能量守恒定律：能量既不会凭空产生，也不会凭空消失，它只能是从一种形式转化为另一种形式，或者从一个物体转移到另一个物体，而在这种转化和转移中，能的总量保持不变。

摩擦生热：当相互接触并存在挤压的两个物体（或同一物体的两部分）产生相对运动时，如果接触面不是光滑的，摩擦力做功的结果导致物体的一部分机械能转化为物体的内能。所以这里的“热”指的是内能。

趣味探究

器材准备

几个规格不同的圆柱形饮料瓶，水，细沙，斜面。

实验探究

1. 比较“沙瓶”和“水瓶”滚动的快慢

将两只相同的空瓶分别灌满细沙和水，再将瓶盖拧紧，就做成了实验用的“沙瓶”和“水瓶”。

“沙瓶”和“水瓶”放在同一斜面上，谁会滚动得快一些，先做出猜想。

用木板做一个斜面，将“沙瓶”和“水瓶”并排放在斜面的同一高度处同时释放，看看谁滚动得更快，想想其中的道理。

改变斜面的倾角，看看结果有什么不同。

2. 比较水量不同的瓶以及空瓶的滚动快慢

将三只相同的空瓶，一只装满水，一只装半瓶水，一只不装水。将三只瓶子并排放在斜面的同一高度处同时释放，看看谁滚动得快一些。先猜想，再实际做一做，并思考其中的道理。

3. 比较沙量不同的瓶以及空瓶的滚动快慢

将三只相同的空瓶，一只装满沙，一只装半瓶沙（将瓶子平放，其余空间用泡沫塑料填满，使细沙不能在瓶中自由移动），一只不装沙。将三只瓶子并排放在斜面的同一高度处同时释放，看看谁滚动得快一些。先猜想，再实际做一做，并思考其中的道理。

将只装半瓶沙的瓶子改变沙的位置（例如，可以将瓶子竖直放置，装半瓶沙后，其余空间用泡沫塑料填满，再将瓶子水平倒下来），看看情况又有什么变化？

将只装半瓶沙的瓶子改变沙的质量，看看情况又有什么变化？

4. 比较大瓶和小瓶的滚动快慢

将两只大小不同的空瓶并排放在斜面的同一高度处同时释放，看看谁滚动得更快，想想其中的道理。

将两只大小不同的空瓶均装满水后，并排放在斜面的同一高度处同时释放，看看谁滚动得更快。

将两只大小不同的空瓶均装满细沙后，并排放在斜面的同一高度处同时释放，看看谁滚动得更快。

改变斜面的倾角，看看结果又有什么不同。

实验结果记录

____

____

____

____

我的解释

____

____

____

____

超级链接

斜面上物体的重力对滚动快慢的影响

放在斜面上的圆柱体，重力对支撑点产生一个力矩，如图 1 所示。想一想，若圆柱体的重量和半径不同对重力的力矩会产生怎样的影响？该力矩的大小对物体的滚动快慢又会产生怎样的影响？

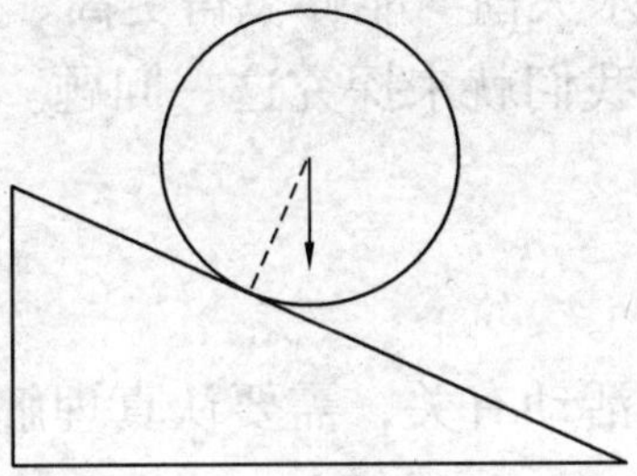

图 1

兴趣拓展

鸡蛋滚动比赛

准备两只大小和外形大致相同的鸡蛋，其中一只是生鸡蛋，另一只是熟鸡蛋，将它们横放在斜面上同一高度处，如图 2 所示。释放后看看哪只鸡蛋滚得更快，并想想其中的道理。多做几次，看看结果是否一致。

通过这个实验，我们又学会了一种区别生鸡蛋和熟鸡蛋的方法。

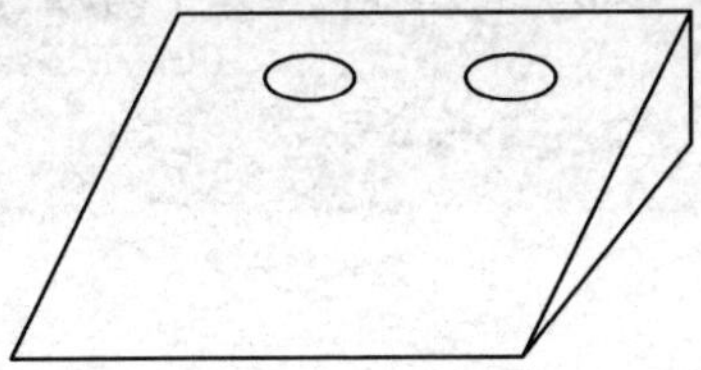

图 2

11 怎样使“水火箭”飞得更高、更远

自制“水火箭”正逐渐成为一项普及性的科技活动。用一个简单的饮料瓶,里面装上水,再加入高压气体,当高压气体使水从瓶中高速喷出时,“水火箭”就直冲蓝天,真是太激动人心了。当你享受发射“水火箭”快乐的时候,你一定希望自己制作的“水火箭”能够飞得更高、更远。怎样使“水火箭”飞得更高、更远呢?下面我们就来探究这一问题。

知识平台

以下知识与这一探究活动有关,需要认真理解和运用。

动量:物体的质量与速度的乘积,叫作物体的动量。动量是矢量,方向与速度的方向相同。

动量守恒定律:相互作用的物体所组成的系统,如果不受外力作用,或它们所受外力之和为零,则系统的总动量保持不变。这个结论叫作动量守恒定律。

反冲:当从物体中发射或喷出一部分物体(如气体或液体)时,剩余的那部分物体就受到一个向相反方向的力的作用,而向相反方向运动,这种现象叫反冲。

物体做斜抛运动的水平射程 x:斜抛物体的运动,可以分解为水平方向上速度为 $v_1=v_0\cos\theta$ 的匀速直线运动与竖直方向上初速度为 $v_2=v_0\sin\theta$ 的竖直上抛运动的合运动(θ 为初速度 v_0 与水平面之间的夹角)。斜抛物体的水平射程:

$$x=\frac{{v_0}^2\sin2\theta}{g}$$

可见,当 $2\theta=90°$,即 $\theta=45°$ 时,水平射程最大:

$$x_{\max}=\frac{{v_0}^2}{g}$$

趣味探究

器材准备

1000ml 和 2500ml 的饮料瓶,橡胶塞,自行车气嘴,塑料片,强力胶,刀,剪刀,打气筒,铁丝,刻度尺,食盐。

实验探究

一、制作并发射“水火箭”

1. 自制“水火箭”

用一个 1000ml 的饮料瓶，去掉瓶盖，找一个与瓶口大小匹配的橡胶塞，在其中央钻一个孔，将自行车气嘴装在孔中，用橡胶塞塞住瓶口，用塑料片做成圆锥形箭头和三个平行四边形尾翼，将它们牢固地粘在瓶上，“水火箭”就制成了，如图 1 所示。

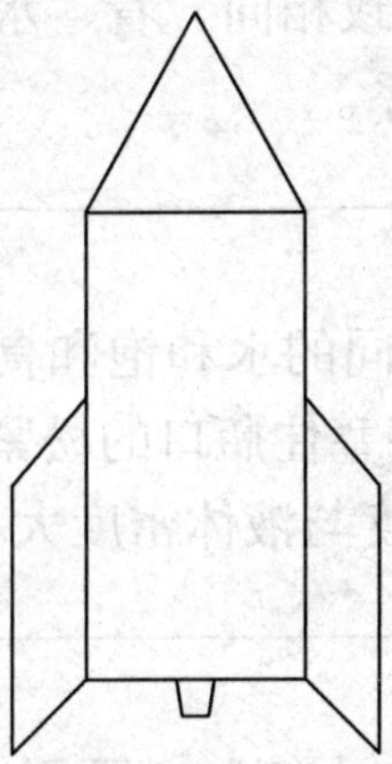

图 1

提示

用塑料片做成圆锥形箭头可以减小飞行阻力。平行四边形尾翼可以使飞行更平稳。

2. 制作发射架

设计并制作一个简易的发射架，确保“水火箭”能够竖直向上发射。材料可以用铁丝，也可以选用其他材料。

3. 发射“水火箭”

在瓶中灌上适量的水，并塞紧橡胶塞。用打气筒通过胶塞上的气嘴对瓶中打气，当瓶中压力超过一定限度，胶塞被冲开，瓶中的水在高压气体作用下由瓶口向下喷出，瓶体受到反冲作用开始升空。试试看，它能飞多高？

特别提示

发射用橡皮塞不能塞得过紧，防止瓶体充气时发生爆裂。

● 讨论与交流：怎样测出它的飞行高度？

● 尝试一下：去掉塑料片做成的圆锥形箭头，看看飞行情况有何不同。去掉平行四边形尾翼，看看飞行情况又有何不同。

二、探究“水火箭”的飞行高度与哪些因素有关

1. 与高压气体压强大小的关系。

用同一支“水火箭”，内装同样多的水，但每次用橡胶塞塞住瓶口的松紧程度不一样。橡胶塞塞住瓶口塞得越紧，要冲开用橡胶塞所需的气体压强就越大。看“水火箭”升空的高度与高压气体压强的大小有什么关系。

结论：______________________________。

2. 与水和空气的体积之比的关系。

用同一支“水火箭”，改变“水和空气的体积之比”。每次用橡胶塞塞住瓶口的松紧程度要一样，使瓶内气压大致相同。看“水火箭”升空的高度与水和空气的体积之比的大小有什么关系。

结论：______________________________。

3. 与液体密度大小的关系。

用同一支“水火箭”，分别装上体积相同的水和饱和食盐水，保证每次液体和空气的体积之比相同。每次用橡胶塞塞住瓶口的松紧程度要一样，使瓶内气压大致相同。看“水火箭”升空的高度与液体密度大小有什么关系。

结论：______________________________。

4. 与瓶子容积大小的关系。

用一个2000ml的大饮料瓶制作一枚“水火箭”，再用2个2000ml的大饮料瓶粘贴成一个超大“水火箭”，如图2所示，看它们的升空情况有什么不同。实验中需要控制哪些物理量不变？

结论：______________________________。

5. 猜想“水火箭”的飞行高度还可能与哪些因素有关？设计实验验证你的猜想。

我的猜想

____

____

____

____

____

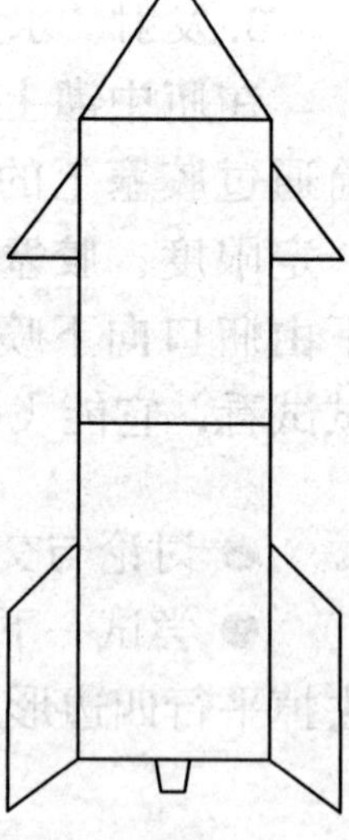

图2

我的设计

____

____

____

实验结论

____

____

____

三、探究“水火箭”的飞行距离与哪些因素有关

怎样使“水火箭”飞得更远呢？我们可以按照上面的探究思路，通过实验研究“水火箭”的飞行距离与下列因素的关系。

1. 与高压气体压强大小的关系。

结论：____。

2. 与水和空气的体积之比的关系。

结论：____。

3. 与液体密度大小的关系。

结论：____。

4. 与瓶子容积大小的关系。

结论：____。

除此之外，还有一个很重要的因素，即“水火箭”的发射角。

5. 与“水火箭”发射角大小的关系。

结论：____。

● 讨论与交流：当发射角 $\theta=45°$ 时，“水火箭”的水平射程是不是最大？实验结果与斜抛运动不同的原因是什么？

超级链接

多级火箭

多级火箭是把两个以上的火箭首尾衔接在一起。目的是为了丢掉空余的燃料箱，提高火箭飞行速度。

中国是火箭的故乡。远在13世纪，中国人就发明了火箭。那时的火箭是在长枪上装置塞有火药的圆筒，构造很简单。

据明朝出版的《武备志》《火龙经》等兵书记载，16世纪中叶，中国发明一种新式火箭，叫“火龙出水”。这种新式火箭采取“龙”的形象，用于水战，面对敌舰，点燃安装在“龙”身上的四支火箭，这是第一级火箭，它能推动“火龙”在水面上飞行二三里远；待第一级火箭燃烧完毕，就自动引燃“龙”腹内的火箭，这是第二级火箭，这时，从“龙”口里飞出的火箭射向敌人，焚烧敌舰。

● 尝试设计多极“水火箭”：尝试设计一枚两级“水火箭”，使第一级喷完水以后，能够自动脱落，并启动第二级自动喷水。试试看。设计过程中要多与同学讨论，互相提意见和建议，互相启发。

兴趣拓展

制作反冲式“水汽车”

根据反冲现象，利用饮料瓶也可以制作反冲式“水汽车”，并且可以让自己乘坐在上面。谈谈你的设想。怎样使车子持续运动？具体做一做。

12 绕柱绳索的受力特征

有一个成语叫作“力大如牛”，用以形容力气大得像牛一样。可见牛的力气之大。然而，农村的孩子在放牛时，只要将牵牛的绳索在树枝或木桩上绕上几圈，而根本不需要打结，就不必担心被拴住的牛会挣脱绳索的控制而跑开了。是什么力量使力气如此之大的牛都甘拜下风呢？下面我们就来探究绕柱绳索的受力问题。

知识平台

以下知识与这一探究活动有关，需要认真理解和运用。

摩擦力

摩擦力有静摩擦力和滑动摩擦力两种。

1. 静摩擦力产生的条件：相互接触的物体间有相对运动的趋势，而又保持相对静止状态。

静摩擦力的方向：跟接触面相切，跟相对运动趋势的方向相反。

静摩擦力的大小：$0 \sim f_m$，其中最大静摩擦力的大小：$f_m=\mu_0 N$，公式中静摩擦因数 μ_0 与材料有关，N 为正压力的大小。

2. 滑动摩擦力产生的条件：相互接触的物体间发生相对运动时。

滑动摩擦力的方向：跟接触面相切，跟相对运动的方向相反。

滑动摩擦力的大小：$f_{滑}=\mu N$，公式中动摩擦因数 μ 与材料有关，N 为正压力的大小。

趣味探究

器材准备

直径5cm左右、表面粗糙的圆柱形木棒和圆柱形硬纸筒各1根，铁架台，钩码1盒，弹簧秤，表面粗糙的细绳，坐标纸。

实验探究

1. 将木棒水平固定在铁架台上，将绳子跨过木棒，绳的一端挂一个50g

的钩码，另一端用弹簧秤竖直向下拉，如图 1 所示，直到恰好拉动绳子为止。记下此时的拉力 F_1，以及绳子在木棒上绕过的角度 θ_1（$\theta_1 = \pi$）。

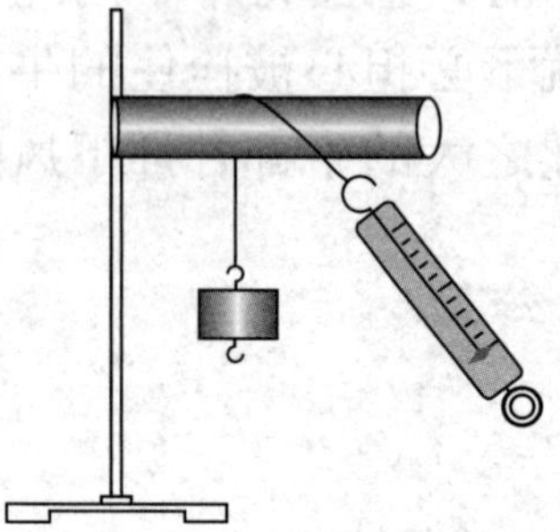

图 1

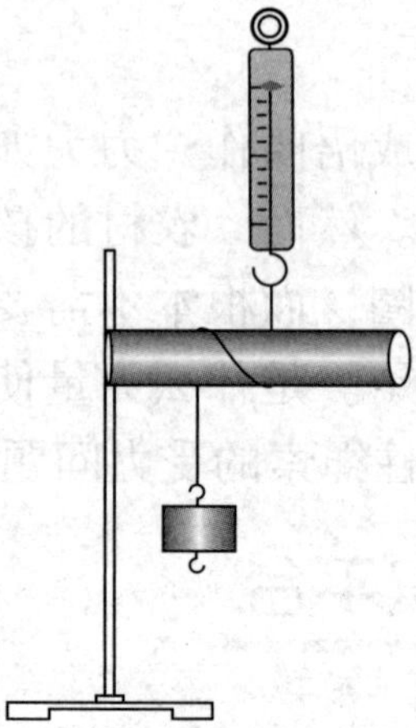

图 2

2. 将绳子在木棒上绕过的角度增加半圈，即 $\theta_2 = 2\pi$，此时拉力竖直向上，如图 2 所示，要想拉动绳子，拉力 F_2 需要多大？先猜想一下，再实际测一测，记下此时的拉力 F_2。

用绳子绕在你自己的手臂上，重复上述步骤 1、2，你有什么发现？

提 示

绳子在手臂上绕的圈数越多，拉动绳子所需的拉力越大，同时发现，手臂被绳子挤压得越厉害，说明绳子对手臂的压力也越大。

3. 以后每次将绳子在木棒上绕过的角度增加半圈，记下绳子在木棒上绕过的角度，测出拉动绳子的最小拉力。

4. 将数值记录在下列表格上。

绳在棒上绕过的角度 θ	拉动绳子的最小拉力 F
π	
2π	
3π	
4π	
…	

5. 在图 3 所示的坐标上描点作图，再将描出的点用光滑曲线连接起来，作出 $F-\theta$ 图像。

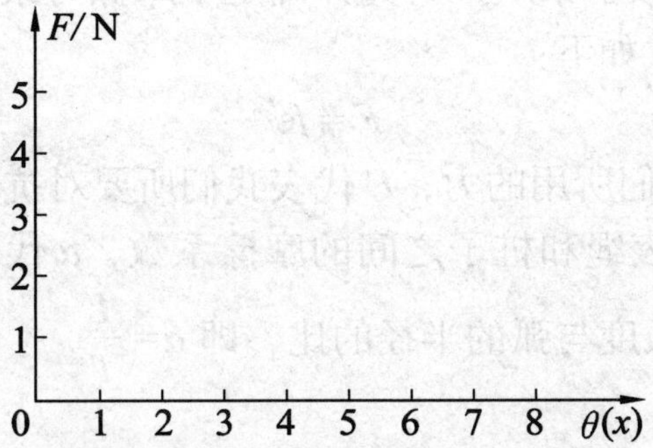

图 3

6. 通过实验，可以得出什么结论？

我得出的结论

______

______

______

7. 将绳子上挂的钩码增加一个，再重复步骤 1~5，看看结果如何。
8. 将绳子上挂的钩码继续增加，再重复步骤 1~5，看看结果如何。
9. 将木棒换成硬纸筒，重复步骤 1~8，看看结果如何。
10. 交流并小结绕柱绳索的受力特征。

绕柱绳索的受力特征

______

______

______

超级链接

摩擦力跟绳索绕在桩子上的圈数之间的关系——欧拉公式

研究表明，缠在桩上的绳索，在滑动的时候，摩擦力可以达到极大的程度。绳索绕的圈数越多，摩擦力也就越大。摩擦力增长的规律是：如果圈数按照算术级数增多，摩擦力就按照几何级数增长。

18 世纪，著名数学家欧拉研究并确定了摩擦力跟绳索绕在桩子上的圈数之间的关系，公式如下：

$$F = fe^{k\alpha}$$

其中，f 代表我们所用的力，F 代表我们所要对抗的力，e 为一个常数，约等于 2.718，k 代表绳和桩子之间的摩擦系数，α 代表绕转角，其大小等于绳索绕成的弧的长度与弧的半径的比，即 $\alpha=\frac{L}{r}$。

● 讨论与交流：你所得到的规律与上面的规律是否相符？如果不相符，原因何在？

兴趣拓展

当一名大力士

著名作家凡尔纳的笔下，有一位大力士马蒂夫，“头大身高，胸膛像铁匠的风囊，腿像粗壮的木柱，胳膊像起重机，拳头像铁锤……”令人称奇的是，这位大力士居然用手拉住了一条正在下水的巨轮，避免了一场两船相撞的惨祸。小说《马蒂斯·桑多尔夫》中这样写道：

突然听到一声惊呼，“特拉波科罗”号正当快艇的右舷对着它的时候，开始摇摆着滑下去了。两条船就要相撞了。已经没有时间、没有方法能够防止这场惨祸了。“特拉波科罗”号很快地斜着向下面滑去……船头上卷起了因摩擦而起的白雾，船尾已经没入了水。

突然出现了一个人，他抓住了挂在“特拉波科罗”号前部的缆索，用力地拉，几乎把身子弯得接近了地面。不到 1 分钟，他已经把缆索绕在打在地里的铁桩上。他冒着被摔死的危险，用超人的气力，用手拉住缆索大约有 40 秒钟。最后，缆索断了。可是这 40 秒钟时间已经足够：“特拉波科罗”号进水以后，只轻微地擦了一下快艇，就向前驶了开去。快艇脱险了。

其实，这样的壮举并不需要马蒂夫那样的大力士，你同样能行。借助铁桩，你也能成为一名大力士。下面的比赛就可以让你美梦成真。

你单独一人向全班同学挑战，来一次一对五十的拔河比赛。当然，给你的优惠条件是，你可以将绳子在一根固定的柱子上绕上几圈。试试看，全班同学能不能拉动你一个人？

13　威力无比的“超级球”

将一个篮球或一个乒乓球从某一高处由静止释放，它将自由下落，与地面碰撞后又会向上反弹。一个众所周知的事实是，它反弹的高度绝对不可能超过释放时的高度。两个球叠放在一起自由下落，情况又会怎样呢？如果球反弹的高度超过了释放时的高度，并且超出好几倍，面对这样的“超级球”，你一定会大吃一惊吧？难道能量守恒定律不成立了吗？让我们先进行研究再下结论吧。

知识平台

以下知识与这一探究活动有关，需要认真理解和运用。

碰撞的几种类型

弹性碰撞：物体在碰撞过程中没有任何机械能损失，既满足动量守恒定律，同时又满足机械能守恒定律。

非弹性碰撞：物体在碰撞过程中有机械能损失，满足动量守恒定律。

完全非弹性碰撞：物体在碰撞后结合在一起，在碰撞过程中机械能损失最大，满足动量守恒定律。

趣味探究

器材准备

不同大小的弹力球（可在玩具店里买到）、天平、皮尺等。

实验探究

一、单球实验

1. 用一个弹力球，将它从某一高处（如 1m 高处）自由释放，观察它与地面碰撞后的反弹情况，记下反弹的最高点，测出下落的高度和反弹高度。

2. 弹力球反弹的高度比释放时的高度大些还是小些？弹力球可以弹到比释放处还要高的高度吗？为什么？

二、双球实验

1. 将两个等大的球A、B沿竖直方向叠放在一起，将它们从某一高处（如1m高处）自由释放，如图1所示。观察它们与地面碰撞后的反弹情况，你看到了什么？上面这个球A的反弹高度超过了释放时的高度吗？

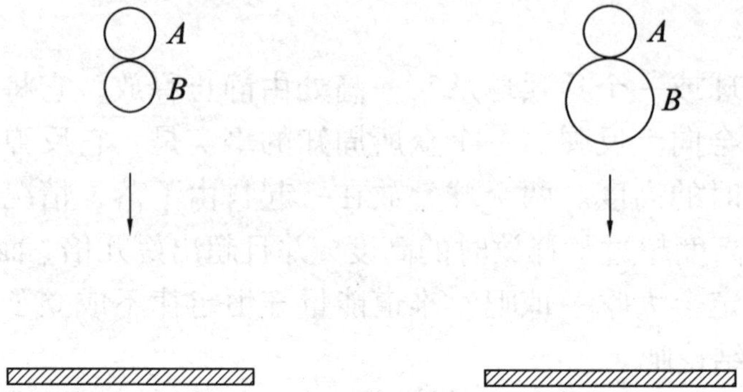

图1　　　　图2

2. 记下每个球反弹的最高点（怎样做才能更准确？），测出每个球释放的高度和反弹高度。粗略验证一下每个球的机械能发生了怎样的变化？系统的机械能发生了怎样的变化？系统的机械能是增加了还是减少了？

实验记录：

A球的释放高度h_1=____________，B球的释放高度h_2=____________，

释放前系统的机械能E=____________________；

A球的反弹高度h_1'=____________，B球的释放高度h_2'=____________，

反弹后系统的机械能E'=____________________；

实验结论：____。

3. 换两个大小不同的弹力球，将小球A放上面，大球B放下面，如图2所示。重复步骤1和2的实验，看看情况有什么变化？当然，这时要验证系统的机械能发生了怎样的变化，就要用天平测出每个球的质量。

实验记录：

小球A的质量m_1=____________，小球A的释放高度h_1=____________，

小球B的质量m_2=____________，小球B的释放高度h_2=____________，

释放前系统的机械能E=____________________；

小球A的反弹高度h_1'=____________，小球B的反弹高度h_2'=____________，

反弹后系统的机械能E'=____________________；

实验结论：____。

如果将大球放上面，小球放下面，情况又有什么不同？试试看。

4. 选择一个质量最小的和一个质量最大的弹力球，将小球放上面，大球放下面，重复步骤 1 和 2，看看情况有什么变化？小球是不是比步骤 3 中的情形反弹得更高了？小球为什么弹得这么高？系统的机械能发生了怎样的变化？

特别提示

实验过程中注意别让小球打坏东西、打伤同学，或打中你自己。

三、三球实验

选择大、中、小三个质量相差较大的弹力球，沿竖直方向叠放在一起，小球在上面，大球在下面，将它们从某一高处自由释放，如图 3 所示。观察它们与地面碰撞后的反弹情况，你看到了什么现象？为什么会出现这种现象？

四、四球实验

选择四个质量相差较大的弹力球，沿竖直方向叠放在一起，小球在上面，大球在下面，将它们从某一高处自由释放，观察它们与地面碰撞后的反弹情况，你看到了什么现象？为什么会出现这种现象？当然，这样叠球会比较困难。想一想，有什么好办法。

下面我们换一种做法。

选择三个大小和质量相同的较大的弹力球，将它们呈正三角形放在同一水平面上，并用力使它们紧紧靠在一起，然后在三个球的正上方放一个质量最小的弹力球，如图 4 所示。将这四个球举高到一定的高度后自由释放，观察它们与地面碰撞后的反弹情况，你看到了什么现象？为什么会出现这种现象？

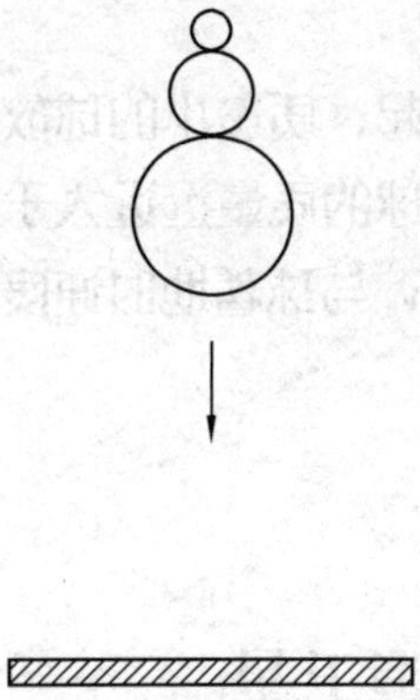

图 3

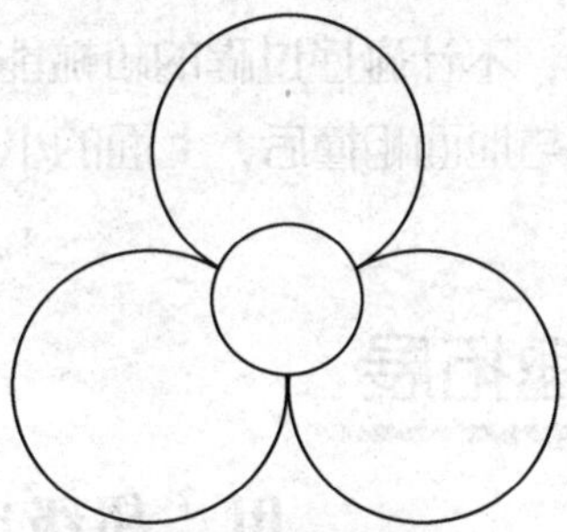

图 4（俯视图）

你还能想到哪些叠球的方法？还能设计怎样的碰撞实验？试试看。

我的设计

超级链接

奇妙的“超级球”

将两个质量不同的球沿竖直方向叠放在一起，质量小的小球放上面，质量大的大球放下面，将它们从某一高度 h_0 处自由释放，如果不计碰撞过程的机械能损失，且下面的大球质量远远大于上面的小球质量，则由碰撞过程动能守恒和动量守恒可以得出，大球与地面相撞后，上面的小球反弹的速度 v 是两个球着地时速度 v_0 的 3 倍，即

$$v = 3v_0$$

所以，上面的小球反弹的高度 h 是小球释放时高度 h_0 的 9 倍，即

$$h = 9h_0$$

如果将三个质量不同的球沿竖直方向叠放在一起，质量小的球放上面，质量大的球放下面，不计碰撞过程的机械能损失，且下面球的质量远远大于它上面球的质量，则球与地面相撞后，上面的小球反弹的速度 v 是三个球着地时速度 v_0 的 7 倍，即

$$v = 7v_0$$

所以，上面的小球反弹的高度 h 是小球释放时高度 h_0 的 49 倍，即

$$h = 49h_0$$

如果将 n 个质量不同的球沿竖直方向叠放在一起，质量小的球放上面，质量大的球放下面，不计碰撞过程的机械能损失，且下面球的质量远远大于它上面的球的质量，则球与地面相撞后，上面的小球反弹的速度 v_n 与球着地时速度 v_0 的关系为

$$v_n = (2^n - 1)v_0$$

兴趣拓展

用“超级球”发射人造卫星

根据公式 $v_n = (2^n - 1)v_0$ 算一算，如果我们用 7 个“超级球”，质量小的小球放上面，质量大的大球放下面，沿竖直方向叠放在一起，从一座高 560m 的铁塔顶端释放，球与地面相撞后，上面的小球反弹的速度 v 有多大？

我们知道，第一宇宙速度为 7.9km/s，第二宇宙速度为 11.2km/s，你的计算结果意味着什么？

用几个小球，就可以发射人造地球卫星甚至人造行星，这是多么激动人心啊。事实上可能吗？你认为主要问题是什么？将你的观点与大家交流讨论。

【参考答案】

上面的小球反弹的速度 $v = 13410\text{m/s}$。

这个速度比第二宇宙速度 11200m/s 还要大，这意味着：用 7 个“超级球”，就可以发射人造行星。

事实上不可能。

14　砸不烂的鸡蛋

鸡蛋是我们每个人都非常熟悉的食品。一提到鸡蛋，人们马上就会将它与“脆弱”、“不堪一击”等词汇联系在一起。用鸡蛋与石头、瓦片或其他硬物稍稍磕碰一下，鸡蛋就会破裂，这就是人们常常提到的“鸡蛋碰石头”、“蛋碎瓦全”。可是，如果一个鸡蛋与石头相碰时，鸡蛋不仅没破，反而看到石头碎了，你是否会觉得这是天方夜谭？先别忙下结论，一起动手试试吧。

知识平台

以下知识与这一探究活动有关，需要认真理解和运用。

压强：压强是指物体单位面积受到的压力，计算压强的公式为 $P=\dfrac{F}{S}$。由公式可以看出，在压力一定的情况下，受力面积越大，物体受到的压强就越小。

动量定理：物体所受合外力的冲量等于它的动量的变化。这个结论叫作动量定理。动量定理可用公式表示为：$Ft=\Delta p$。

由 $Ft=\Delta p$ 可以看出，若 Δp 一定，力的作用时间 t 越短，则力 F 越大，因此在需要增大作用力时，可以尽量减小力的作用时间；反之，力的作用时间 t 越长，则力 F 越小，因此在需要减小作用力时，可以尽量增加力的作用时间。

动量守恒定律：相互作用的物体所组成的系统，如果不受外力作用，或它们所受外力之和为零，则系统的总动量保持不变。这个结论叫作动量守恒定律。

趣味探究

器材准备

生鸡蛋 10 余个，细沙，木盒（或其他容器），砖块 5 块，各种不同的铁锤各 1 把（打击面的面积要小一点），毛巾 1 条，书 1 本。

实验探究

一、做“砸不烂的鸡蛋”的实验

下面我们做一个“砸不烂的鸡蛋”的实验（如图 1 所示）。

1. 用木盒（或其他容器）装上细沙，细沙上面均匀竖直摆放 9 个鸡蛋（图中仅显示 3 个），使他们的顶部位于同一水平面上。

2. 在鸡蛋上面放上一本书，再依次叠放 3 块砖，注意砖要放平整，准备工作就做好了。

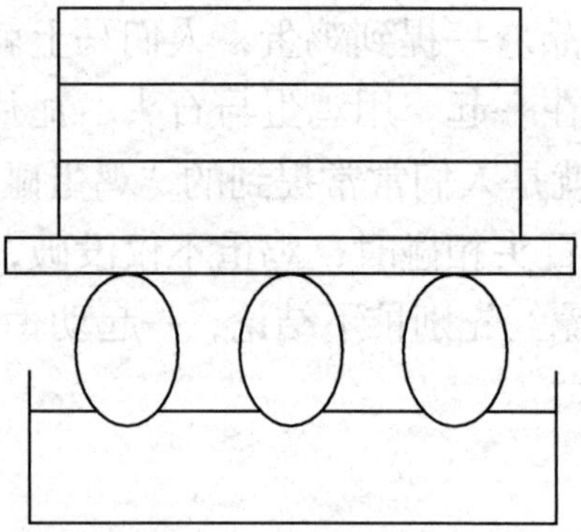

图 1

> **提 示**
>
> 为防止探究过程中鸡蛋破碎，污染其他实验器材，也可以用熟鸡蛋进行实验。实验过程一定要注意安全，要防止被砸碎的砖块击中周围的人或物。

3. 手持铁锤，用适当大小的力迅速地向砖块砸去，将最上面的一块砖砸碎。

4. 搬开压在鸡蛋上的砖块和书本，将鸡蛋从沙堆上拿出来，看看鸡蛋是否破损。

二、探究实验的最佳方案

尝试做下面的改变，看看实验结果有什么不同？怎样做使实验更容易成功？思考其中的原因。

1. 改变砖块的数目。

改变砖块的数目，比如减少（或增加）一块砖，看看实验结果有什么不同？如果鸡蛋上面只放一块砖，用锤子将砖块砸碎，鸡蛋还会完好无损吗？

2. 改变砖块的硬度。

选用硬度较小的砖块摆放在上层，用锤子将上层的砖块砸碎，看看实验结果有什么不同？

3. 改变铁锤的重量。

换一把重量小一点的铁锤进行实验，看看实验结果有什么不同？

4. 改变铁锤的打击面的大小。

换一把打击面小一点的铁锤进行实验，看看实验结果有什么不同？

5. 改变铁锤的打击力度。

调整冲击力的大小，改变铁锤的打击力度，看看实验结果有什么不同？

6. 改变接触面的材料。

在鸡蛋上方书的下面增加一层毛巾，看看实验结果有什么不同？

7. 改变细沙的疏密程度。

将容器中的细沙弄得疏松一些，看看实验结果有什么不同？

8. 改变底垫的材料。

将用细沙做的底垫换成泡沫塑料垫或海绵垫，看看实验结果有什么不同？

通过这些改变，你有什么新的发现？

> **提示**
>
> 在进行上述实验时，要想研究改变某一物理量时，会对实验结果产生怎样的影响，就要注意使其他的物理量保持不变。这是科学研究中经常用到的一种方法，叫作“控制变量法”。

我的发现

____

____

____

____

三、寻找鸡蛋的替代物

在以上探究过程中，我们会用到很多的鸡蛋。能不能寻找一种鸡蛋的替代物，先用替代物进行实验，当获得实验的最佳方案之后，才用真的鸡蛋做“砸不烂的鸡蛋”的实验呢？想想看，用什么做鸡蛋的替代物？

我想到的鸡蛋的替代物

【参考答案】
1. 用“泥蛋”。用泥土揉一个“泥蛋”，晒干后代替鸡蛋使用。
2. 用饮料瓶、饮料盒等代替鸡蛋使用。
3. 用台秤。用小型台秤代替鸡蛋，可以直接测出每次打击时 受力的大小及其变化。

四、交流与共享

通过这一实验，你有什么收获？与同学们一起交流共享。

我的收获（来自自己的探究、来自合作同伴的影响、来自互相交流的启迪……）

超级链接

揭秘：“鸡蛋”碰石头

某电视台曾经做过几期特别节目——揭秘，使人大开眼界。下面我们介绍其中的两个片段。

片段1：只见某喜剧演员躺在地上，圆圆的肚皮上压着一块几十千克重的石碑，另一人高举大铁锤，口中数着“一、二、三、四、五”，说时迟，那时快，铁锤狠狠砸下，石碑应声断裂。众人忙看躺在地上的喜剧演员，却见他“昏迷不醒”，在人们焦急的呼唤声中，他狡黠地睁眼一笑，一骨碌从地上坐了起来……

片段2：一位年轻人垒好八块砖放在主持人的头上。一旁的助手手持铁锤，说道：大家和我一块儿数数，数到五的时候就砸下去。“一、二、三、四、五！”只见助手手起锤落，砖被砸成很多碎块，而主持人却安然无恙。

节目的特邀嘉宾、清华大学教授对此做了解释：这里头主要有两个原因，一个是石头很大，石头质量比锤子质量要大得多，这样的话，锤子打上去以后，由于石头本身的惯性，它把大部分的能量都吸收到破碎的过程之中。根据动量守恒和能量守恒原理，越是大块的石头，锤子打下来以后，它的能量被这个石头的破碎所吸收的就越多，而作用到人身上的力就会越少。第二个原因，人的肚子是软的，和石板的接触面积很大。锤子打下时，力的压强就比较小，完全是肚子所能够承受的。

兴趣拓展

你也能成为“气功师”

● 欣赏气功表演

首先让我们欣赏一个“气功”表演：两名助手首先抬出一块厚实的木板，上面钉满了铁钉，铁钉的尖端朝外，令人感到毛骨悚然；这时，气功师出场了，两名助手将气功师抬到了“钉床”上，又抬来一块沉重的大石板压在气功师身上，石板上再放一块石头；一切准备就绪后，只见一名助手抡起重锤将压在气功师身上的石头砸碎，而气功师却安然无恙，如图 2 所示。

★ 注意：切勿模仿。

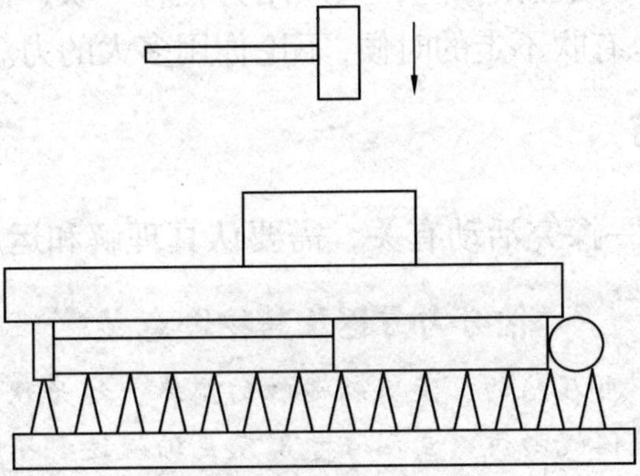

图 2

● 讨论与交流

1. 这则气功表演的成功之处表现在哪些方面？

2. 有观众感叹道：“钉床”上钉这么多铁钉，气功师身上压这么沉重的大石板，还能承受重锤的打击，气功师真厉害！你对这些观点有什么看法？

● 尝试与体验

当你了解了以上“气功”表演的实验原理之后，你也能成为“气功师”。下面你可以尝试做一个“重锤砸手”的气功表演，体验一下手被重锤“砸”的感觉。做法如下：

1. 将手掌掌心向下平放在水平桌面上，在手掌上面铺放一块毛巾；

2. 在毛巾上依次叠放 3 块砖，注意砖要放平整，所选的砖块硬度不宜太大；

3. 准备一把锤子，锤子的打击面要小一点。手持锤子用适当大小的力将最上面的一块砖砸碎。

注意：开始时用力小一点，再逐渐加大，注意不要使手受损伤。

体验：手的感觉如何？____。

手受到的冲击力大不大？____。

特别提示

实验过程一定要注意安全，既要防止自己的手被砸伤，又要防止被砸碎的砖块击中周围的人或物。

15 吹不走的乒乓球

将小小的乒乓球放在桌面上，只须用力轻轻一吹，便会离你而去。可是你知道吗，乒乓球也有吹不走的时候，不论你用多大的力。不信我们就试一试。

知识平台

以下知识与这一探究活动有关，需要认真理解和运用。

伯努力方程及其物理意义

理想流体：不可压缩的、没有粘滞性的流体，称为理想流体。

定常流动：流体流动时，空间每一固定点的流速都不随时间而变，则这种流动称为定常流动。

伯努力方程：对于理想流体的定常流动，在同一细流管中的任意两点，有

$$p_1+\frac{\rho v_1^{\ 2}}{2}+\rho gh_1=p_2+\frac{\rho v_2^{\ 2}}{2}+\rho gh_2$$

式中：ρ 表示流体密度，v_1、v_2 表示 1、2 两点处的流速，p_1、p_2 表示 1、2 两点处的压强，h_1、h_2 表示 1、2 两点处的高度。

伯努力方程给出了流体的压强与流速的关系，即流速越大的地方，其压强越小，流速越小的地方，其压强越大。

趣味探究

器材准备

玻璃漏斗（漏斗管口要小于乒乓球的直径），厚白纸，乒乓球，高尔夫

球，气球，电吹风，剪刀，胶纸。

实验探究

一、漏斗实验

1. 将漏斗开口朝上竖直放置，将一个乒乓球放入漏斗中，如图1所示，然后对着细管用力吹气，观察乒乓球怎么运动。加大吹气的力度，乒乓球能否被吹走？

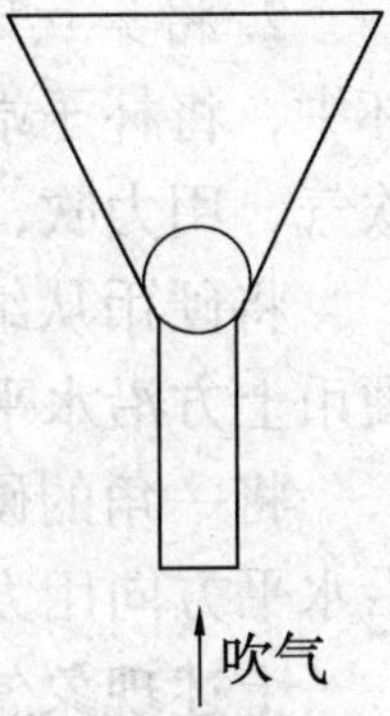

图1

换一个高尔夫球（或其他比乒乓球质量大一点的小球），重复以上实验，看看结果有什么不同。

2. 将漏斗开口朝水平方向放置，如图2所示，重复以上实验，注意吹气前先用手扶住小球。看看你得出了怎样的实验结果。

3. 将漏斗开口朝下竖直放置，将乒乓球放入漏斗中，吹气前先用手扶住小球，吹气时再将手松开，如图3所示，小球会掉下来吗？加大吹气的力度，情况又如何？换用高尔夫球进行实验，看看结果有什么不同。

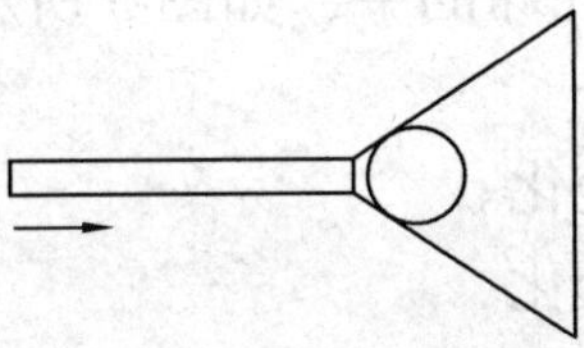

图2

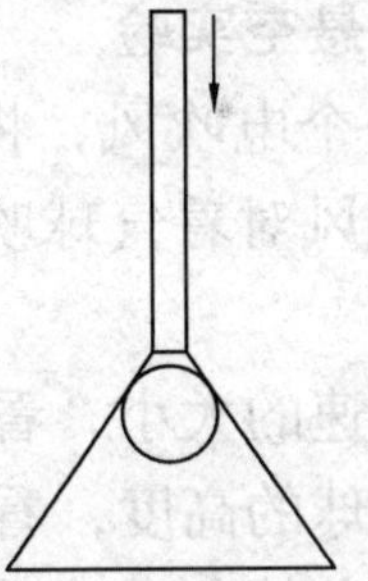

图3

4. 改变漏斗的形状（用纸自制几个细管粗细以及顶角大小不同的漏斗），重复上述实验，看看有什么新的发现。

5. 怎样解释上述现象？

我的解释

二、纸杯实验

1. 将乒乓球放入一次性纸杯中，将杯子端在嘴边，用嘴对着杯口上方沿水平方向吹气，如图 4 所示，用力吹，再用力！发生了什么现象？怎么解释？

2. 将乒乓球拿出，换一枚一角的硬币放入一次性纸杯中，将杯子端在嘴边，用嘴对着杯口上方沿水平方向吹气，用力吹，再用力！发生了什么现象？

将硬币从纸杯中拿出，放在水平桌面上，用嘴对着硬币上方沿水平方向用力吹气，发生了什么现象？

将一角的硬币换成一元的硬币，用嘴对着硬币上方沿水平方向用力吹气，情况有什么不同？

上述现象怎么解释？

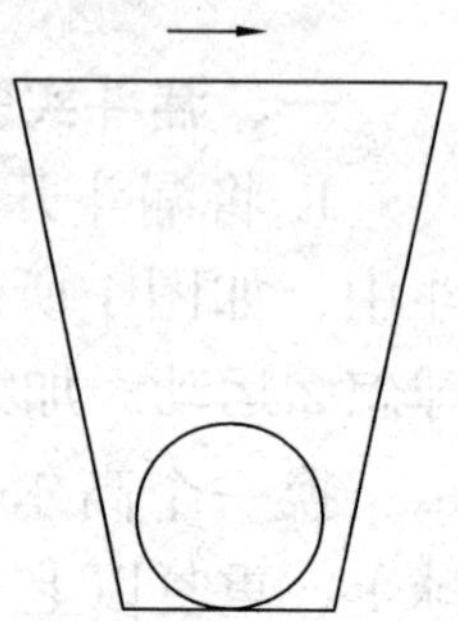
图 4

我的解释

____

____

____

三、球悬空实验

1. 用一个电吹风，将一个气球放在电吹风的斜上方，先接通电吹风的开关使电吹风对着气球吹风，再松开抓气球的手，如图 5 所示，看看气球能否悬空。

改变风速的大小，看看情况有什么变化。

改变气球的高度，看看情况有什么变化。

改变风向的角度，看看情况有什么变化。

2. 将气球换成乒乓球，将乒乓球放在电吹风的斜上方。先让电吹风对着乒乓球吹风，再松开乒乓球，看看乒乓球能否悬空。

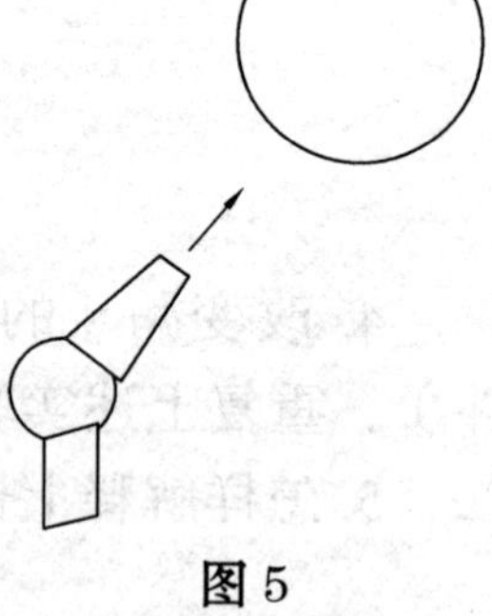
图 5

改变风速的大小，看看情况有什么变化。

改变乒乓球的高度，看看情况有什么变化。

改变风向的角度，看看情况有什么变化。

将乒乓球换成高尔夫球，看看情况有什么变化。

3. 将电吹风吹出的风柱换成水管向上喷射的水柱，将乒乓球放在水柱上方，看看会出现什么结果。

改变乒乓球放在水柱上方的高度，看看情况有什么变化。

改变水柱的喷射速度，看看情况有什么变化。

改变水柱的喷射角度，看看情况有什么变化。

4. 通过上述实验，你发现了什么规律？

我的发现

____

____

____

超级链接

趣闻轶事

据报道，1912 年秋季的一天，当时世界上最大的远洋轮船——“奥林匹克号”正航行在大海上。在离“奥林匹克号”大约 100 米的地方，有一艘比它小得多的铁甲巡洋舰“豪克号”与它平行疾驶着。这时却发生了一件意外的事情：小船好像被大船吸过去似的，完全失控，一个劲地向“奥林匹克号”冲去。最后，“豪克号”的船头撞在“奥林匹克号”的船舷上，把“奥林匹克号”撞了个大洞。

● 这次事故是什么原因造成的？

兴趣拓展

你也能成为乒坛高手

在乒乓球运动中，“上旋球”“下旋球”“侧旋球”都是出奇制胜的绝招。在足球比赛中，也有类似的“香蕉球”。这些旋转球是怎样形成的？它们的运动路线如何？从理论上作出分析，并实际试一试。由理论指导实践，相信你也能成为乒坛高手。

16　沙堆之谜

玩沙子似乎是小孩的游戏，然而物理学家在对沙堆的研究中，却发现许多有趣的现象和一些难解之谜，下面我们就一起来探究沙堆之谜。

趣味探究

器材准备

干燥且颗粒均匀的细沙、米粒、豆粒，较厚的透明塑料纸板，直尺，三角板，量角器，压力传感器。

实验探究

一、沙堆存在临界角吗

1. 用双手捧住一堆细沙逐渐地向上拢，使沙堆形成一圆锥体形状，并逐渐减小圆锥体的顶角，看看沙堆是否存在临界角。如果有，量出它是多大。

2. 当沙堆达到临界角时，继续往上加细沙，会发生什么现象？

3. 改变沙堆的大小，看看大小不同的沙堆，其临界角是否相同？

4. 将细沙换成米粒、豆粒等物体，看看实验结果又有什么不同？

5. 下面换一种方式堆沙堆，用双手捧一捧细沙，将捧在手中的细沙抬高后，从两手的狭缝中缓慢地向下流出，形成圆锥体形的沙堆，随着细沙的增加，观察圆锥体的顶角如何变化，是否存在临界角，如果有，量出它的大小。采用不同方式堆出的沙堆，其临界角是否相同？

6. 将细沙换成米粒、豆粒等物体，重复步骤 5，看看实验结果又有什么不同？

7. 通过以上实验，你有什么发现？

我的发现

____

____

____

二、沙堆底部受到的压力有什么特点

1. 外形呈圆锥形的沙堆，其底部受到的压力有什么特点？是不是中心处最大，然后沿四周逐渐减小？请你先做一个猜测，在以下各图所示的几种情形中，你认为会是哪一种？或者是否还有其他情形？请你画出示意图。

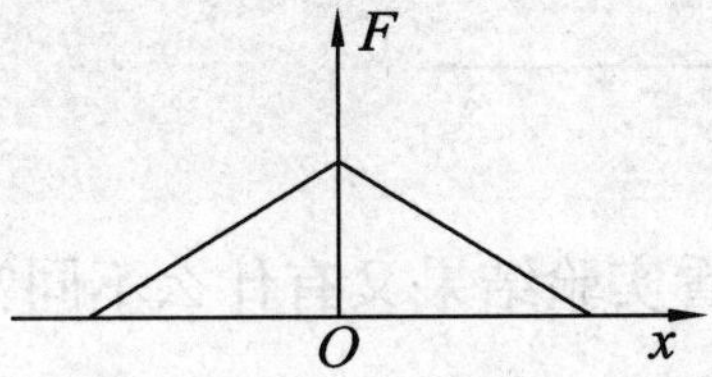

图 1

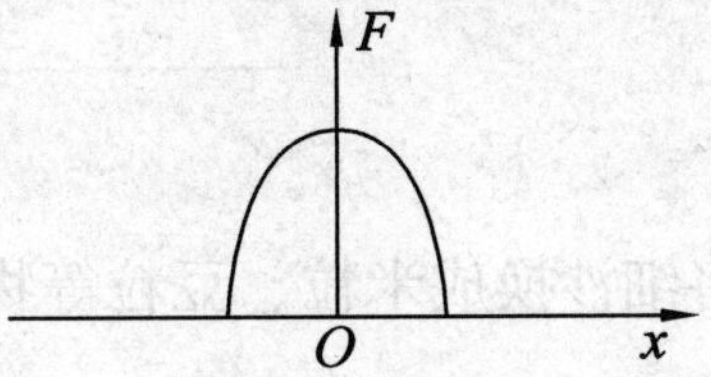

图 2

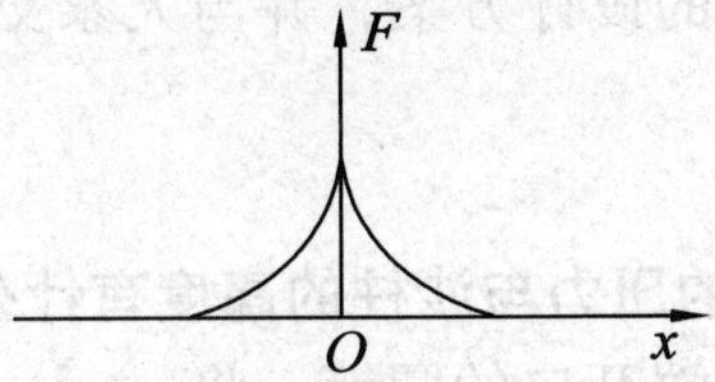

图 3

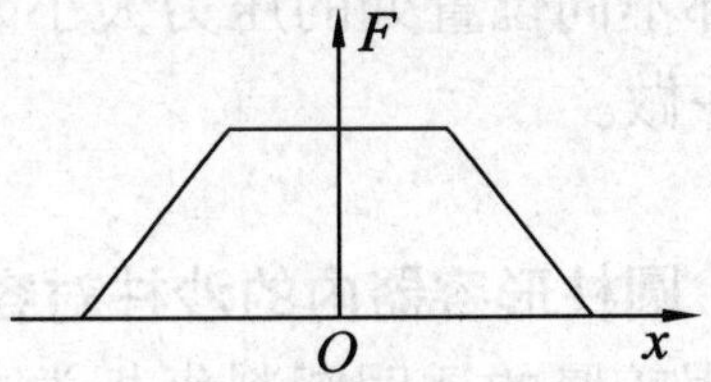

图 4

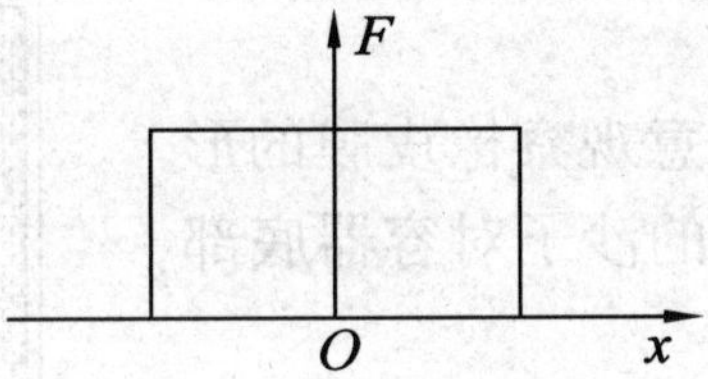

图 5

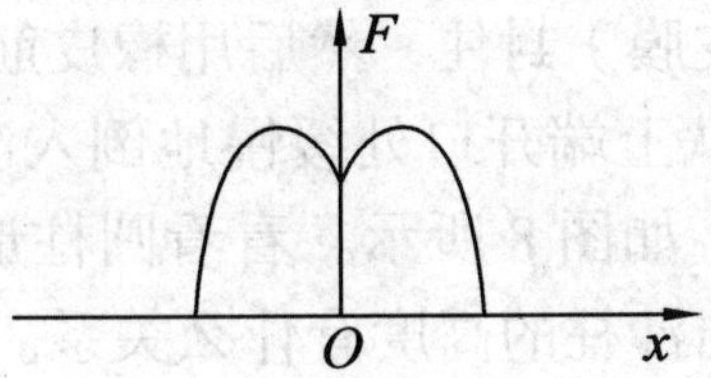

图 6

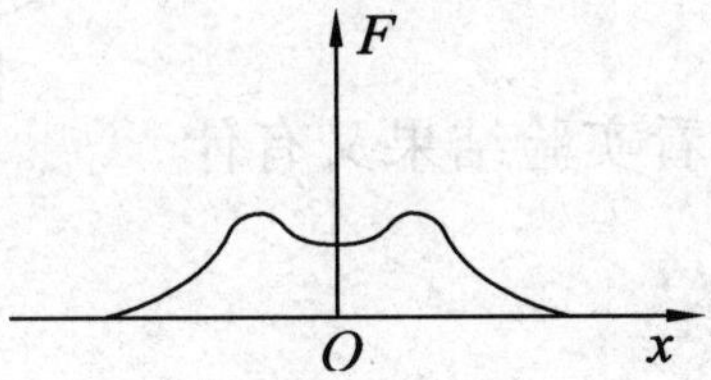

图 7

2. 将压力传感器置于沙堆底部的不同位置处，测量结果与你的猜想吻合吗？

3. 与其他同学交流，看看你的测量结果与其他同学的测量结果是否相同。

4. 记下各处压力的大小，画出 F–x 图像。

实验图像记录

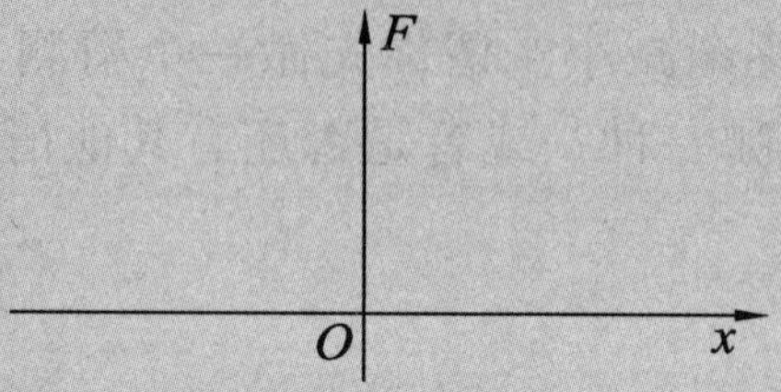

5. 将细沙换成米粒、豆粒等物体，看看实验结果又有什么不同?

● 讨论与交流：如果实验室中没有压力传感器，你想什么办法来比较沙堆底部不同位置处的压力大小。说出你的设计方案，并与大家交流，再实际做一做。

三、圆柱形容器内的沙柱对容器底部的压力与沙柱的高度有什么关系

1. 用较厚的透明塑料纸板卷成一个两端开口的圆筒，将圆筒竖直放置，下端开口处用一块弹性较好的橡皮膜（如气球的橡皮膜）封住，然后用橡皮筋固定。

2. 从上端开口处缓慢地倒入沙子，注意观察橡皮膜的形变情况，如图 8 所示。看看圆柱形容器内的沙子对容器底部的压力与沙柱的高度有什么关系。

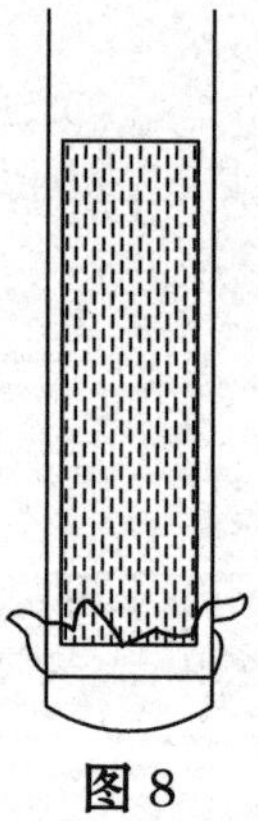

图 8

3. 改变圆筒的大小，看看实验结果有什么不同?

4. 换用表面粗糙的纸板制作圆筒，看看实验结果又有什么不同?

5. 将细沙换成米粒、豆粒等物体，看看实验结果又有什么不同?

6. 尝试对上述实验结果作出解释。

我的解释

超级链接

小颗粒的奇特现象

研究表明，小颗粒存在许多奇特现象，下面列举一二。

沙堆的临界状态：让我们看一看海滩上的孩子让沙粒缓缓流下而形成一堆沙的场景。开始的时候，沙堆是平的，沙粒很稳定，这是一种平衡状态，这时一粒沙的偶然移动不会对沙堆产生任何影响。堆沙的过程在继续，沙堆变得越来越陡，开始有沙粒沿着沙堆滑动，沙堆在逐渐偏离平衡状态。随着时间的推移，沙粒的滑动越来越大，最终，一些滑动的沙粒甚至跨越了整个沙堆。这时，整个沙堆系统到达了临界状态，沙堆形成了崩溃的力量——转折点产生了，只要有一粒沙加上去，整个沙堆就发生了大规模的坍落。

粮仓效应：如果在一个圆筒型容器填充颗粒物质时，容器底部的压力不随颗粒的高度线性增加，而是当颗粒高度达到一定值时，容器底部压力趋于饱和。这就是著名的“粮仓效应”。粮仓底部压力趋于饱和的主要原因，是由于颗粒之间的相互作用，垂直方向的力被分解到水平方向，由于摩擦力的存在，容器器壁支撑了颗粒的重量。

● 讨论与交流：粮仓效应与液体的压强规律有什么不同？

兴趣拓展

自制沙漏计时器

找两个空的饮水瓶，将两个瓶盖的顶部贴在一起，并用胶带固定好，然后在瓶盖上穿一个小孔，在其中一个瓶中装上适量的细沙，再把两个瓶子与瓶盖拧上，沙漏计时器就做好了。如图 9 所示。调节细沙的容量，使沙漏计时器正好能显示整数分钟的时间，如 1 分钟、2 分钟、5 分钟等。

在较早的时候，人们就用沙漏来作为计时工具，这是因为在实践中人们发现，颗粒从漏斗口流出时流量基本保持不变，颗粒流出漏斗口的流量仅与颗粒密度及漏斗开口的大小和形状有关，而与颗粒在漏斗内的高度无关。请利用你自制的沙漏，用实验方法验证上述结论。

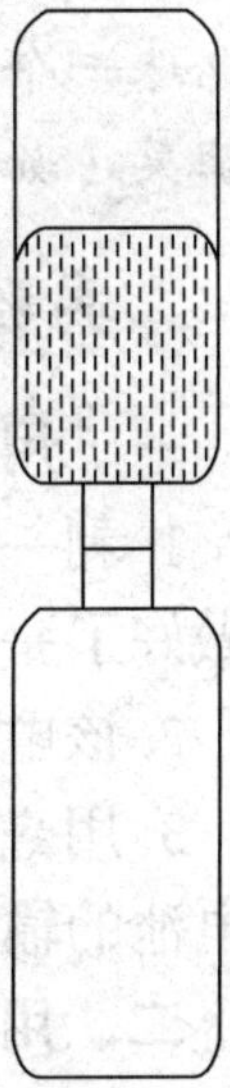

图 9

电学篇

17　水果电池与蔬菜电池

我们知道，用不同的水果可以制成各种各样的水果电池。那么，水果电池有哪些特性？它的输出电压有多大？它的内阻有多大？输出电压的大小与哪些因素有关？此外，用水果能制作电池，用蔬菜能不能制作电池呢？本节我们将自制水果电池和蔬菜电池，并研究它们的一些特性。

趣味探究

器材准备

橘子若干个，铜片、锌片若干块，铝板、铁钉、钢管若干，毫伏表一只，小电珠一个，导线若干，食醋，食盐水，其他水果（如柠檬、苹果、菠萝等）和蔬菜（如土豆、黄瓜、番茄等）若干。

实验探究

一、用一瓣橘子做一个水果电池

1. 剥一瓣橘子，在这瓣橘子的不同部位分别插上一块铜片和一块锌片，就做好了一个水果电池。

2. 该电池的输出电压可能有多大？请你猜测一下。

3. 用毫伏表测出该电池的输出电压，记下读数。与你的猜测相差大吗？该电池的输出电压为____________________。

二、用一个橘子做一个水果电池

1. 拿一个完整的、未剥皮的橘子，在这个橘子的不同部位分别插上一块铜片和一块锌片，就做好了一个水果电池。

2. 该电池的输出电压可能有多大？请你猜测一下。

3. 用毫伏表测出该电池的输出电压，记下读数。与你的猜测相差大吗？该电池的输出电压为________________。

4. 改变铜片和锌片的距离，再用毫伏表测出其输出电压，记下读数，看看什么情况下输出电压较大？

实验次数	两板距离	输出电压
1		
2		
3		

5. 改变铜片和锌片的正对面积，再用毫伏表测出其输出电压，记下读数，看看什么情况下输出电压较大？

实验次数	两板正对面积	输出电压
1		
2		
3		

6. 保持铜片和锌片的位置不变，而用另一块金属片（或铁丝）将橘子内心捣烂，使橘片中的水汁互相连通，测出其输出电压，记下读数，看看什么情况下输出电压较大？

实验次数	橘子内心捣烂情况	输出电压
1	未捣烂	
2	部分捣烂	
3	全部捣烂	

7. 在水果中分别加入食醋或食盐水，测出其输出电压，记下读数，看看什么情况下输出电压较大？

实验次数	加入的液体	输出电压
1	食醋	
2	浓度不大的食盐水	
3	浓度大的食盐水	

8. 改变插入水果中的金属板，比如，换成铝板、铁钉、钢管之类作为电池的电极，情况会发生什么变化？

9. 通过上述探究，请你归纳一下，怎样使自制的水果电池获得更大的输出电压？

使自制水果电池获得更大的输出电压的措施

____

____

____

____

10. 将小电珠与一个输出电压较大的水果电池相连，看看小电珠能否发光，并讨论其原因。

11. 制作 4 ~ 6 个水果电池，分别测出各自的开路电压，再将它们串联起来，测出串联电池组的总电压，看看它们之间有什么关系？并讨论其原因。

12. 将小电珠与电池组相连，看看小电珠能否发光。怎样才能使小电珠发光？试试看。

三、用其他水果做水果电池

1. 用一个柠檬做一个水果电池，用毫伏表测出该电池的输出电压，记下读数。该电池的输出电压为____________________。

2. 用一个苹果做一个水果电池，用毫伏表测出该电池的输出电压，记下读数。该电池的输出电压为____________________。

3. 用一个菠萝做一个水果电池，用毫伏表测出该电池的输出电压，记下读数。该电池的输出电压为____________________。

4. 将用柠檬、苹果、菠萝等做成的水果电池与用橘子做成的水果电池进行比较。看看哪种水果电池的输出电压较大。

结论：____。

四、用蔬菜做蔬菜电池

1. 用一个土豆做一个蔬菜电池，用毫伏表测出该电池的输出电压，记下读数。该电池的输出电压为____________________。

2. 用一个黄瓜做一个蔬菜电池，用毫伏表测出该电池的输出电压，记下读数。该电池的输出电压为____________________。

3. 用一个番茄做一个蔬菜电池，用毫伏表测出该电池的输出电压，记下读数。该电池的输出电压为____________________。

4. 将用土豆、黄瓜、番茄等做成的蔬菜电池进行比较。看看哪种蔬菜电池的输出电压较大。

结论：____。

5. 将用土豆、黄瓜、番茄等做成的蔬菜电池与用橘子、柠檬、苹果、菠萝等做成的水果电池进行比较。看看哪种电池的输出电压较大。

结论：____。

超级链接

电池的发明者

1800 年，意大利著名物理学家亚历山德罗·伏特（1745—1827）发明了电池的制作方法。伏特发现不用动物也可以产生电流，并在 1800 年展示了第一个电池。伏特所制的电池，是用一串锌盘、铜盘以及盐水浸湿的小块呢料，按铜盘、呢料、锌盘、铜盘、呢料、锌盘……的顺序相叠而成。这样一种组合，其实就是一个原始的原电池组。每一对小盘用盐水浸湿的呢料隔开，就成了一个小电池，产生一定的电压。这些小电池的电压加在一起，便形成了电池组两端较大的电压。伏特的发现使人们摆脱了伽伐尼动物生电理论的禁锢，电池的发明更为人类利用电能提供了可能。

兴趣拓展

制作世界上最早的电池

将五片圆铜片和五片圆锌片交错重叠堆放在一起，每一对铜片和锌片之间放置一张与金属片等大的浸有盐水的餐巾纸，这就是世界上最早的电池。

制作这样一个电池，看看它们能不能产生电流？用两根导线的一端分别连接上下两块铜片和锌片，另一端与舌头触碰一下，看看有什么感觉？将导线接在灵敏电流计两端，看看产生的电流有多大？改变金属片的数目以及餐巾纸的厚度、盐水的浓度，看看电流的大小有什么变化？你能不能解释其原因？

18 自制太阳能电池

提到太阳能电池，我们很自然地就联想到了高科技产品。其实，只需要一些简单的器材，我们就可以自制太阳能电池。下面就让我们一起来动手制作吧。

知识平台

以下知识与这一探究活动有关，需要认真理解和运用。

太阳能电池的工作原理

太阳能电池是利用晶体管的PN结把太阳能直接转化为电能的，P型半导体和N型半导体之间会形成电荷层，并产生电场。太阳的照射能使其中的原子电离，电子向N极运动，带正电的空穴向P极运动，形成了太阳能电池的正、负极。

趣味探究

器材准备

3DD15 型三极管（12 只，可以废物利用，只要集电极完好就可用）、多用电表、小灯泡、小电动机、玩具电动车、导线、厚纸板、电烙铁、焊锡、钳子、起子等工具。

实验探究

一、选择实验可用的晶体三极管

本实验中选用的 3DD15 型三极管是 NPN 型硅材料大功率金属封装三极管，并且可以废物利用，只要集电极完好就行。要判断 3DD15 型三极管集电极的好坏，其方法是：

> **提　示**
>
> 如果不会识别晶体三极管的三个电极，可以向老师请教，也可以自己查阅资料。

1. 用多用电表的 $R\times 1\text{K}$ 挡或 $R\times 100$ 挡，将黑表笔接基极（b），红表笔接集电极（c），测出的 PN 结正向电阻，正常值应为几百欧至几千欧。

2. 将表笔对调，将红表笔接基极（b），黑表笔接集电极（c），测出 PN 结的反向电阻，正常值应为几十千欧至几百千欧以上。

二、自制单个的太阳能电池

1. 用伏特表测量选好的 3DD15 型三极管的基极（b）和集电极（c）之间的电压，正、反向各测一次；用毫安表测量三极管基极和集电极之间的短路电流。将测量结果记录在表 1 中。

2. 将三极管的金属外壳撬掉，重复步骤 1 的过程。将测量结果记录在表 1 中。

3. 将撬掉金属外壳的三极管置于强烈的阳光下照射，同时重复步骤 1 的过程。将测量结果记录在表 1 中。

表 1 不同条件下三极管两极之间的电压及短路电流

实验次数	实验条件	两极之间电压		短路电流
		U_{bc}	U_{cb}	
1	保留金属外壳			
2	撬掉金属外壳			
3	撬掉金属外壳 强烈阳光照射			

4. 通过上述实验，你有什么收获？你的太阳能电池制作成功了吗？哪端是电池正极？哪端是电池负极？它在什么条件下工作？路端电压和短路电流可以达到多大？请你根据上述问题将你自制的太阳能电池的特性总结一下。

自制太阳能电池的特性

____

____

____

____

三、制作太阳能电池组

1. 将 6 个单个的太阳能电池串联起来，固定在厚纸板上，做成一个电池组，测出它的路端电压和短路电流。

2. 重复步骤 1，再做一个电池组。

3. 将以上两个电池组并联起来，做成一个更大的电池组，测一测它的路端电压和短路电流可以达到多大。

实验记录

电池组的路端电压为____________________。

电池组的短路电流为____________________。

四、用太阳能电池组给用电器供电

用自制的太阳能电池组分别对小灯泡或小电动机、玩具电动汽车等供电，观察它们的工作情况。它们能正常工作吗？如果不能，你能采取哪些方法解决这一问题？谈谈你的设计，与大家交流和讨论，再实际做一做。

我的设计

五、通过实验过程，你觉得还有哪些问题不太清楚？请提出来与大家交流

我要提问（几个需要请教和希望与大家交流的问题）

超级链接

太阳能的开发与利用

太阳能是指直接来自太阳辐射，能为人类利用的光能和热能的总和。世界能源储量最多的是太阳能，太阳能是人类永恒发展的能源保证。

利用太阳能的形式很多。例如，太阳能集热为建筑供暖、太阳能热水器供热水、太阳能锅炉烧蒸汽发电、太阳能聚焦高温加工、太阳灶煮食物、太阳能电池驱动交通工具和其他动力装置，等等。这些都属于太阳能小型、分散的利用形式。

2022年9月3日，我国研制的“启明星50”大型太阳能无人机在陕西榆林顺利完成首飞任务。该机利用高效、清洁、绿色环保的太阳能，是一款能够在高空连续飞行的“伪卫星”。“启明星50”的首飞成功，进一步推动了我国在新能源、复合材料、飞行控制等领域关键技术的发展。

太阳能大型、集中的利用形式，则是太空发电。在距地面三万多千米高空的同步卫星上，太阳能电池每天24小时均可发电，而且效率高达地面的10倍。太

空电能可以通过微波向地面输送。

科学家提出，为了大面积收集和利用太阳能，可以在海面上甚至洋面上建造巨型浮体太阳能发电厂，它的功率大、成本低、寿命长，可以称得上是“能源航空母舰”。

我国可再生能源丰富，从太阳能来看，我国太阳能资源丰富和较丰富的地区面积较大，占国土总面积的$\frac{2}{3}$以上，具有利用太阳能的良好条件。

兴趣拓展

自制太阳能电池供电的车、船、帽

找一辆玩具电动车，或一只玩具电动船，将其中的干电池去掉，用太阳能电池取而代之，制作一辆太阳能电动车，或一只太阳能电动船，再与其他同学的车、船进行一次比赛，看谁的速度大，谁的耐力强。也可找一顶太阳帽、一台小型电动机和扇叶，做成一台小型电扇，将电扇装在太阳帽上，并由太阳能电池供电。戴上自制的环保节能型太阳帽，你感觉如何？

19　利用温差获得电流

利用水力、火力发电是人们获得电能的基本途径。随着科技的发展，人类又实现了利用核能发电。如果说利用温差也可以获得电流，你相信吗？下面我们就试一试，怎么产生温差电流。

趣味探究

器材准备

粗细、长短不同的铜丝、铁丝、其他金属丝若干，灵敏电流计一个，温度计一支，烧杯两只，铁架台、酒精灯、石棉网各一个，冰块，水，砂纸，钳子。

实验探究

1. 准备两只烧杯，在一只烧杯中倒入冰块和水，作为低温热源；在另一只烧杯中倒入水，然后用酒精灯对其加热，作为高温热源。

2. 准备两根直径约 0.5mm、长约 0.5m 的铜丝，再准备一根直径约 0.5mm、长约 0.4m 的铁丝，两端均用砂纸打光。

3. 将铁丝的两端分别与两根铜丝的一端紧紧地拧在一起，并将拧在一起的两端分别放入作为低温热源和高温热源的两只烧杯中。

4. 将两根铜丝的另一端分别与灵敏电流计相连，使三根导线与灵敏电流计构成闭合电路。如图 1 所示。

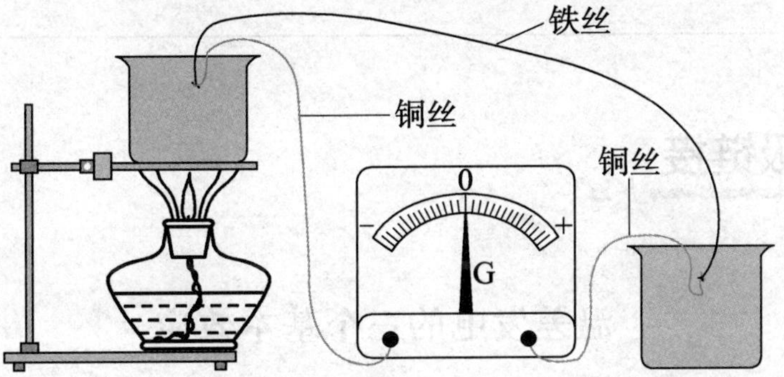

图 1

5. 观察电流表的示数，看看是否获得了电流。记录电流表的示数。电流表的示数为______________。

6. 在作为高温热源的烧杯中插入温度计。随着被加热这杯水的温度升高，同时观察温度计的示数以及电流表的示数，看看金属导体中的电流如何随金属导体两端的温差变化而变化？记录观察到的数据。

温度计的示数					
电流表的示数					

7. 要想增大金属导体两端的温差，还可以将热水杯中的金属丝端点直接放在酒精灯的火苗上去烧，实际做一做，看看结果如何。

实验结果：____。

提醒

不要直接用手抓住金属丝放在酒精灯的火苗上去烧，以免烫伤手。

8. 改变铜丝和铁丝的长度，重复上述实验，看看有什么新的发现？
9. 改变铜丝和铁丝的粗细，重复上述实验，看看有什么新的发现？
10. 换用其他材料的金属丝，重复上述实验，看看有什么新的发现？
11. 记录你的发现，并与大家讨论和交流。

我的发现

____

____

____

____

超级链接

温差发电的三个基本效应

温差电是研究温差和电之间关系的科学，它是一门古老而又年轻的学科。构成温差电技术的基础有三个基本效应。

塞贝克效应：1821 年，德国科学家塞贝克发现了温差电的第一个效应，即两种不同的金属构成闭合回路，当两个接头存在温差时，回路中将产生电流，这就是塞贝克效应。这一效应成为了温差发电的技术基础。

珀尔帖效应：1834 年，法国科学家珀尔帖发现，两种不同的金属构成闭合回路，当回路中存在直流电流时，两个接头之间将产生温差。这就是珀尔帖效应，它是塞贝克效应的逆效应。

汤姆孙效应：1845 年，汤姆孙发现，当电流通过有一定温度梯度的导体时，在横向会有热流流入或流出导体，其方向由电流方向和温度梯度方向而定。这就是温差电的第三个效应，人们称它为汤姆孙效应。

温差电现象发现后将近一个世纪并未得到实际应用，原因是金属的温差电效应非常微弱。温差电技术的真正复兴可以认为从 20 世纪 30 年代开始，杰出的苏联物理学家约飞最早提出采用半导体材料作为温差电换能材料，特别是首先提出的固熔体合金的概念，为温差电技术的实际应用奠定了理论与技术基础。

目前，我国已经成为世界上温差电产品生产规模最大的国家之一，产品的技术性能也接近国际先进水平。以电子制冷饮水机为代表的温差电制冷产品广泛进入了普通家庭，可以相信，温差电技术必将得到更加广泛的应用。

兴趣拓展

文献研究：为什么利用温差可以发电

为什么利用温差可以发电？这是每个同学在实验过程中想弄清楚的问题。请同学们课后通过上网查询资料、去图书馆借阅相关书籍等手段去了解这一问题，并写出研究报告。通过上网查询资料、去图书馆借阅书籍等手段获得相关的文献资料进行研究的方法，是一种很重要的研究方法，叫作文献研究法。

20　干电池可以吸引纸屑吗

电池所带的电和与丝绸摩擦过的玻璃棒所带的电似乎大不相同。带电玻璃棒可以吸引纸屑，可以使氖管发光，可以通过验电器检测，而电池则不能。其实，电池所带的电与玻璃棒所带的电是相同的。通过一定的方式，电池同样可以吸引纸屑，可以使氖管发光，可以通过验电器检测等。下面我们用实验方法进行比较研究。

知识平台

以下知识与这一探究活动有关，需要认真理解和运用。

电池：将化学能直接转化为电能的装置。主要部分包括正、负两个电极和电解质。使用时，用导线把两个电极和用电器连接，即有电流产生，从而将化学能转化为电能，对外供电。除了化学电池外，还有从其他形式的能转化为电能的电池，如温差电池、太阳能电池（光电池）、原子电池等。

电容器：两块平行金属板，中间填充某种介质（如空气、纸、塑料、陶瓷等），就构成了一个简单的平行板电容器，电容器充电后的带电量$Q=CU$，式中C代表电容器的电容，U代表两板间的电压。可见，增大C或增大U都可以使两板的电量增加。而平行板电容器的电容与两板的正对面积S成正比，与两板间介质的介电常数ε成正比，与两板的距离d成反比，公式为$C=\frac{\varepsilon S}{4\pi kd}$。

氖管：装有两个电极的小玻璃管，管内充有低压的氖气。当两极间电压增大到一定值时（称作起辉电压，一般为60～90V），管内气体导电，发生辉光放电现象。

趣味探究

器材准备

塑料吸管，塑料梳子，有机玻璃板，餐巾纸，丝绸，纸屑，干电池，铝板（或铜板，厚约1mm，面积尽可能大一些），保鲜膜，透明胶带，包装用泡沫塑料，氖管，验电器，导线。

实验探究

一、静电的效应

1. 将塑料吸管与餐巾纸不断摩擦，使吸管带电。

2. 将带电的吸管放在纸屑旁，可以看到什么现象发生？

现象记录：________________。

3. 将带电的吸管与氖管接触，可以看到什么现象发生？

现象记录：________________。

4. 将带电的吸管与验电器接触，可以看到什么现象发生？

现象记录：________________。

在上述实验中，如果塑料吸管上没有电荷或电荷太少，就让吸管重新摩擦起电。

5. 将塑料吸管换成塑料梳子，用塑料梳子与干燥的头发不断摩擦，使塑料梳子带电。然后重复上述步骤2～4，比较实验现象有什么不同。

梳子放在纸屑旁发生的现象：________________。

梳子与氖管接触发生的现象：________________。

梳子与验电器接触发生的现象：________________。

6. 将塑料吸管换成有机玻璃板，用有机玻璃板与丝绸不断摩擦，使有机玻璃板带电。然后重复上述步骤2～4，比较实验现象有什么不同。

有机玻璃板放在纸屑旁发生的现象：________________。

有机玻璃板与氖管接触发生的现象：________________。

有机玻璃板与验电器接触发生的现象：________________。

7. 通过以上实验，你发现了什么规律？

我的发现

____

____

____

二、干电池的效应

1. 准备两块铝板，为了区别，分别称为甲、乙。用透明胶带在甲、乙两块铝板的中间位置分别粘上一小块泡沫塑料，当作绝缘把手使用。

2. 在甲板上未粘绝缘把手的一面铺一层比铝板略大的保鲜膜，使其与甲板紧密接触，并用胶带粘牢。

3. 一个同学手持绝缘把手，使甲、乙两板与保鲜膜紧密接触，组成一个平行板电容器。

4. 本组的另一个同学用导线将一节干电池的正、负极分别与甲、乙两板接触，如图1所示，这时电源对电容器充电，甲、乙两板就分别带上了正负电荷。

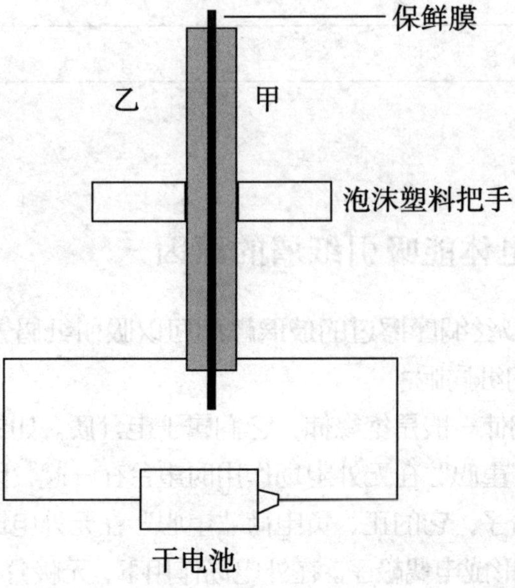

图1

注意

操作过程中手不要碰到金属板，以免漏电。

5. 撤去干电池和导线。将带电的乙板分别靠近纸屑，与氖管接触，与验电器接触，看看有什么现象发生？（如果乙板没有了电荷或电荷太少，就用上述方法使它重新带电）。

乙板放在纸屑旁发生的现象：____________________。

乙板与氖管接触发生的现象：____________________。

乙板与验电器接触发生的现象：____________________。

6. 用带电的甲板重复步骤 5，看看情况如何？

甲板放在纸屑旁发生的现象：____________________。

甲板与氖管接触发生的现象：____________________。

甲板与验电器接触发生的现象：____________________。

7. 换用大小和厚度不同的金属板，重复上述步骤，看看情况如何？

实验结果：____________________________。

8. 换用厚度不同的保鲜膜，重复上述步骤，看看情况如何？

实验结果：____________________________。

9. 换用 2 节、3 节或多节干电池串联，重复上述步骤，看看情况如何？

实验结果：____________________________。

10. 通过以上实验，你发现了什么规律？

我的发现

____

____

____

超级链接

带电体能吸引纸屑的原因

用毛皮摩擦过的橡胶棒或丝绸摩擦过的玻璃棒都可以吸引纸屑等轻小物体。为什么带电体能吸引不带电的纸屑呢?

实验用到的纸屑等轻小物体一般是绝缘体，它们属于电介质。如果电介质是无极分子，则分子正、负电荷“重心”在无外电场作用时重合在一起，因而对外不显电性，另一种电介质属有极分子，它的正、负电荷“重心”在无外电场作用时不重合，它们之间有一定的距离，形成电偶极子。在外电场作用下，无极分子正电荷“重心”向电场方向移动，负电荷“重心”逆着电场方向移动，于是每个分子都变成了电偶极子。从整个电介质来看，在电介质跟外电场垂直的两个表面上出现了等量的正、负电荷。对于有极分子，虽然每个分子都是电偶极子，但在没有外电场时，由于分子的无规则热运动，电偶矩的和为零，电介质也呈中性状态。当有外电场时，每个分子的电偶极子受电场作用，使它转向外电场方向，结果在电介质跟外电场垂直的两个表面上，也出现了等量的正、负电荷。

当带电体靠近轻小物体时，电介质靠近带电体的一端出现与带电体相异的电荷，远离带电体的一端便出现与带电体同种的电荷，因而近端受静电力而吸引，远端受静电力排斥。由于带电体产生非匀强电场，靠近带电体处的场强较大，因而电介质靠近带电体的一端所受到的静电引力较大，带电体对整个电介质呈现引力，所以会将轻小物体吸向带电体。

兴趣拓展

● 交流与讨论：干电池为什么不能直接吸引纸屑？

● 带电体能吸引不带电的纸屑等轻小物体，如果轻小物体不是绝缘体而是导体，情况又如何呢？用一些碎小的金属箔试试看，结果如何？对这样的结果怎样解释？

21　水对磁力有无影响

众所周知，磁铁对铁块有磁力的作用，磁铁可以吸引铁块。当然，磁铁与铁块距离越大，磁铁对铁块的吸引力就越小。那么，当把铁块放入水中，磁铁对铁块的吸引力会怎样变化呢？水对磁力有无影响？下面我们就来探究这一问题。

趣味探究

器材准备

条形磁铁，长铁钉（或较长的粗铁丝），塑料瓶，胶带，曲别针，六棱铅笔，细绳，水，剪刀。

实验探究

一、探究铁钉是否对磁力有影响

在探究水是否对磁力有影响之前，我们先来探究铁钉是否对磁力有影响。

1. 将一个曲别针放在水平桌面上。

2. 手持条形磁铁放在曲别针的正上方略高于铁钉高度处，这时磁铁不能将曲别针吸上来（如果磁铁将曲别针吸上来了，说明铁钉长度不够，可换成更长的粗铁丝）。

3. 将铁钉放在磁铁和曲别针之间，如图 1 所示，看这时曲别针能不能被磁铁吸起来。

4. 换用不同长度的铁钉（或粗铁丝）重复上述实验，看看结果如何。

5. 通过上述实验，你有什么发现？

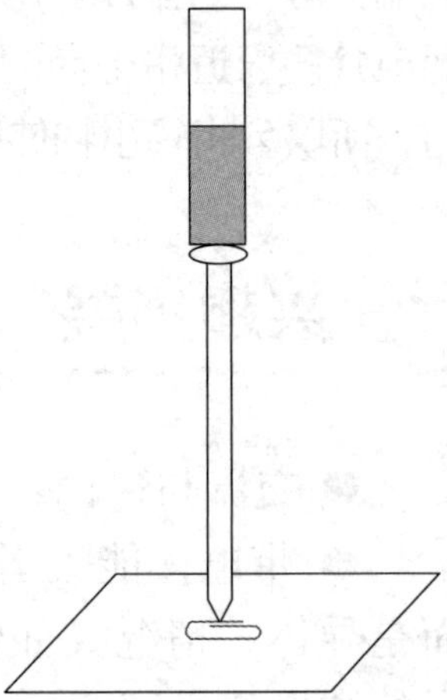

图 1

我的发现

____

____

____

____

二、探究水是否对磁力有影响

水是否对磁力有影响呢？在实验之前，请你根据自己已有的生活经验，先作出猜想与假设，再通过实验，对你的假设进行验证。

我的猜想与假设：________________________________。

1. 把一个塑料瓶从中间剪开，去掉上半截，留下下半截备用。

2. 把一个曲别针放在瓶底。

3. 在六棱铅笔的一侧缠上胶带，然后在六个面上分别标出数字 1 ~ 6。

4. 在铅笔的中间系一根细绳，用胶带把细绳固定住。在细绳的另一端系一块磁铁。转动铅笔，把细绳绕在铅笔上，再把铅笔架在塑料瓶口上，把磁铁放入瓶中，如图 2 所示。

5. 转动铅笔，使细绳放长，把磁铁慢慢下降。当磁铁充分靠近曲别针，并恰好把它吸住时，马上停止转动铅笔。记下铅笔在此时朝上一面上的数字。

6. 把铅笔和磁铁竖直提起来，但不能转动铅笔。把曲别针从磁铁上拿下来，准确地放回到瓶底原来的位置上。

7. 缓慢地往瓶子里倒大半瓶水，再把磁铁慢慢地放入瓶子里。一定要注意，不要转动铅笔！这样才能保证细绳的长度没有改变。这时磁铁仍能恰好把曲别针吸起来吗？

实验记录：________________。

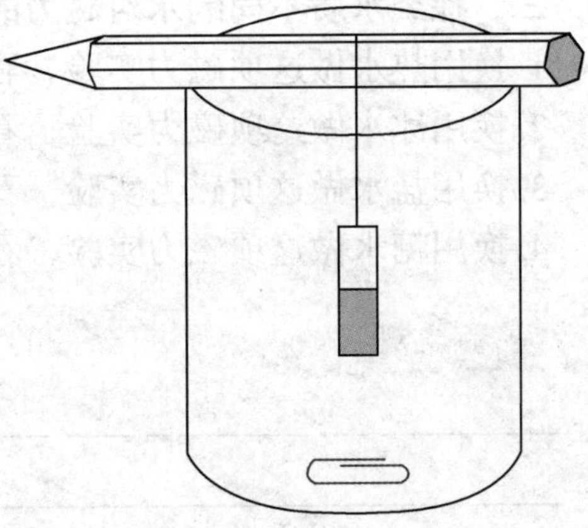

图 2

8. 如果磁铁这时恰好能把曲别针吸起来，说明了什么？如果磁铁这时不能把曲别针吸起来，或者不能恰好把曲别针吸起来（指磁铁还没有放到原位时，曲别针就已经被吸起来了），又说明什么？

9. 如果磁铁这时不能把曲别针吸起来，或者不能恰好把曲别针吸起来，请转动铅笔，改变磁铁与曲别针之间的距离，找出磁铁恰好能把曲别针吸起来的位置。

10. 记下你的实验结果。

实验记录：____。

11. 与同学讨论实验结果，通过分析得出实验结论。看看你得出的结论与你的假设是否一致。

实验结论

____

____

____

12. 反思实验过程，看看对上述实验的设计、器材、步骤、误差、结果、结论等方面是否存在什么问题？可以怎样进一步改进？

我的反思

____

____

____

三、探究水质不同的水对磁力的影响有何不同

1. 换用热水做这项磁力实验，看看有什么新的发现？
2. 换用冰水做这项磁力实验，看看有什么新的发现？
3. 换用盐水做这项磁力实验，看看有什么新的发现？
4. 换用糖水做这项磁力实验，看看有什么新的发现？

我的发现

____

____

____

兴趣拓展

用固体材料做磁力实验

除了用液体进行实验以外，我们也可以用固体材料做这项磁力实验，比如，在磁铁与回形针之间放置书本、玻璃、砖块、瓷片等。实际做一做，看看有什么新的发现？

22 制作一台简易直流电动机

一台直流电动机少不了哪些零部件呢？线圈、磁铁、支架、换向器，有它们就够了。下面我们就来设计并制作一台简易直流电动机，看谁制作的电动机最简单，用到的材料最少，运转得最好。

知识平台

以下知识与这一探究活动有关，需要认真理解和运用。

安培力：通电导线在磁场中受到的磁场力叫安培力，当 B 与 L 垂直时，其大小、方向由左手定则确定。

$$F = BIL$$

趣味探究

器材准备

有一定硬度的漆包线，磁铁，曲别针，干电池，泡沫塑料块，胶带，小刀。

实验探究

1. 制作转子。用漆包线绕一个矩形的线圈，绕 5 ~ 10 圈后，将两端的线头拉直，当作线圈的转动轴，如图 1 所示。绕线时要保证线圈的重心位于转轴所在的直线上。

图 1

2. 制作支架。用一块泡沫塑料块做底座，再将两枚曲别针的一端拉直，竖直插在底座上，两枚曲别针之间的距离略大于线圈沿转动轴方向的宽度。

3. 将线圈放在支架上，使其可以自由转动。然后将磁铁任一磁极朝上，平放在线圈正下方的底座上。将两枚曲别针通过导线与电池相连。如图2所示。

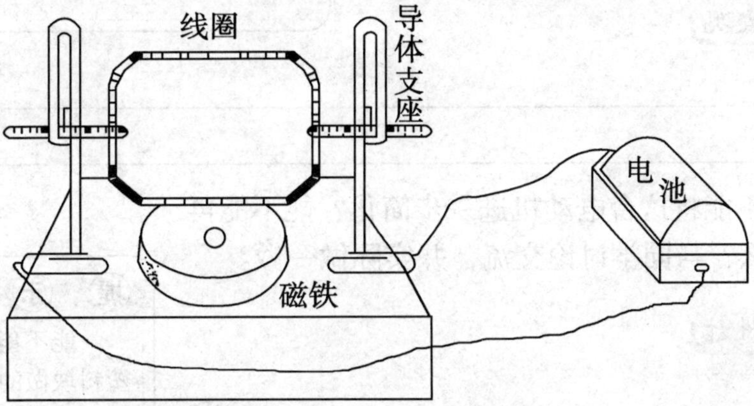

图 2

4. 由于转动轴上的绝缘漆未去掉，线圈中无电流通过，电动机还无法转动。怎样去掉转动轴上的绝缘漆，才能起到换向器的作用，使线圈朝一个方向一直转下去呢？请同学们先讨论一下不同的做法，以及这些做法可能导致的线圈转动情况。

以下做法供参考：

（1）转动轴两端均去掉所有的绝缘漆。

（2）转动轴两端均去掉半个圆周的绝缘漆，且去漆部分左右对称。

（3）转动轴两端均去掉半个圆周的绝缘漆，且去漆部分一端在上面，另一端在下面。

（4）转动轴一端去掉全部绝缘漆，另一端去掉半个圆周的绝缘漆。

我的做法与理由

______

______

______

5. 根据大家讨论的结果实际做一做，用小刀仔细地刮掉对应部分的绝缘漆，再把线圈放回支架，看谁的电动机先转起来。

6. 依次改变线圈的匝数、大小、形状，看看电动机怎样才能转得更快。

> **提 示**
>
> 在以上四种可供参考的做法中，方法(2)与方法(4)的做法是可行的。这时只在线圈转动的半个周期内才输入电流，另半个周期线圈由于未通电而不受磁场力的作用，但由于惯性，线圈的运动并不会停止。

我的发现

______

______

7. 能不能将这台电动机进一步简化？能不能再去掉点什么？与同学讨论交流，并实际做一做。

> **提 示**
>
> 能不能去掉泡沫塑料块做的底座？
>
> 能不能换一块体积更小、磁性更强的磁铁？
>
> 能否用其他东西代替其中的一部分？

我的设计

______

______

______

8. 通过这一制作活动，你有哪些收获？与同学交流、共享。

我的收获（来自自己的探究、来自合作同伴的影响、来自互相交流的启迪……）

______

______

超级链接

趣闻轶事

英国著名物理学家法拉第发现了电磁感应现象，制成了世界上第一台电动机。据说，当法拉第向人们展示他创造的世界上第一台电动机模型时，有个贵妇人不以为然地说：“先生，您这个玩意有什么用呢？”法拉第幽默地反问道：“夫人，新生的婴儿又有什么用呢？”

兴趣拓展

向前滚动的线圈

利用自己制作的、如前面图 1 所示的线圈，去掉两端的外漆，将线圈放在两根水平平行的金属导轨上，并将两根导轨分别接到电池的正、负极，如图 3 所示。手持磁铁，置于线圈的上端并靠近线圈，这时发生了什么现象？线圈是不是向前滚动起来了？将磁铁随线圈一起前移，线圈就会一直向前滚动。实际做一做，分析线圈向前滚动的原因，以及怎样确定线圈滚动的方向。

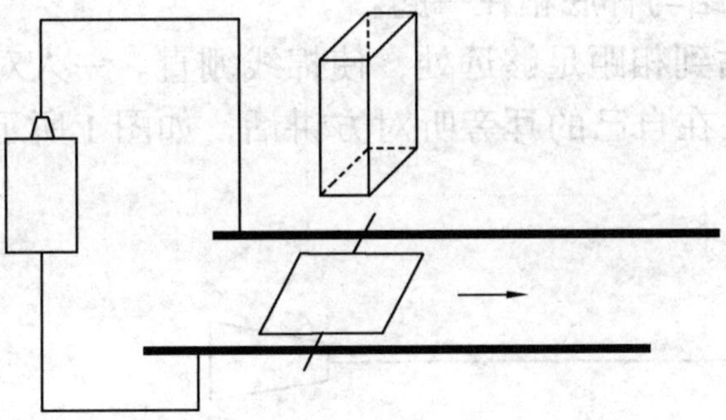

图 3

提示

线圈向前滚动是由于线圈处在磁铁产生的磁场中，线圈通电后要受到磁力矩的作用。所以，起步前，线圈平面不宜水平放置，而以竖直放置最好。根据左手定则确定安培力的方向，便可知道线圈滚动的方向。

23 用一次性纸杯制作扬声器

一次性纸杯随手可得，但它却可以用来制作简易的扬声器。收集几只一次性纸杯和方便面桶，我们一起来制作几个简易的扬声器，看看它们的效果如何。

趣味探究

器材准备

一次性纸杯，方便面桶，圆柱形泡沫塑料块，细棉线，细漆包线，圆柱形磁铁，双面胶，砂纸，收录机（带外部扬声器及外部话筒接口），外部扬声器插头。

实验探究

一、制作简易电话

1. 准备两只一次性纸杯，在杯底各穿一个小孔。

2. 将足够长的细棉线两端分别穿过两只纸杯的小孔，各打一个结，并用胶带纸封住小孔，将棉线结与杯底粘在一起。

3. 两人各持一纸杯，站到相距足够远处，使棉线绷直。一人对着纸杯小声讲话，另一人将纸杯放在自己的耳旁听对方讲话，如图 1 所示，看看这台简易电话的效果如何。

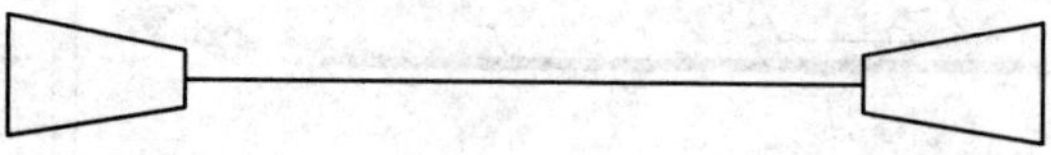

图 1

4. 在棉线中部挂一个重物，看看这时的效果如何。改变重物重量的大小，看看情况有什么不同。

5. 两人站的距离稍微缩短，使棉线松弛，看看这时的效果如何。

6. 两人各持一纸杯站到一栋大楼的墙角两侧，使棉线靠着墙角并转弯。看看这时的效果如何。

7. 将当话筒用的纸杯换成方便面桶，看看这时的效果如何。将当听筒用的纸杯也换成方便面桶，这时的效果又怎样。

8. 通过以上实验，你发现了什么规律？

我的发现

____

____

____

____

____

____

二、制作扬声器

1. 制作扬声器线圈的几种方案：

方案 1：将漆包线分层紧密绕在圆柱形泡沫塑料块上，为避免绕线时打滑，每绕完一层线后可贴一层双面胶，注意两端的线头要留在外面 20cm 左右，再将绕好线的泡沫塑料块用双面胶贴在一次性杯子的底部外侧处，如图 2 所示。

方案 2：将漆包线直接分层紧密绕在纸杯外壁偏底部处，如图 3 所示。

方案 3：将方案 1 中绕好线的泡沫塑料块用双面胶贴在方便面桶的底部外侧，如图 4 所示。

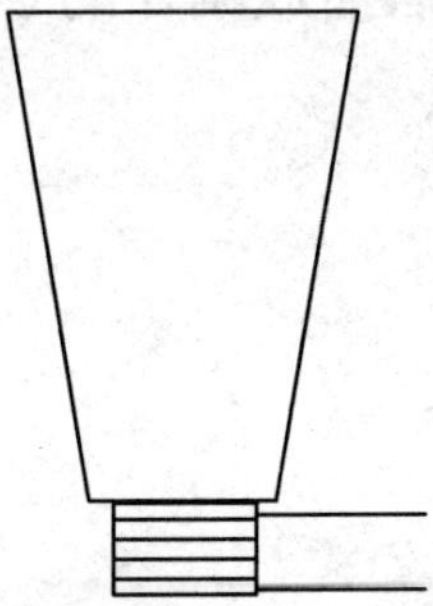
图 2

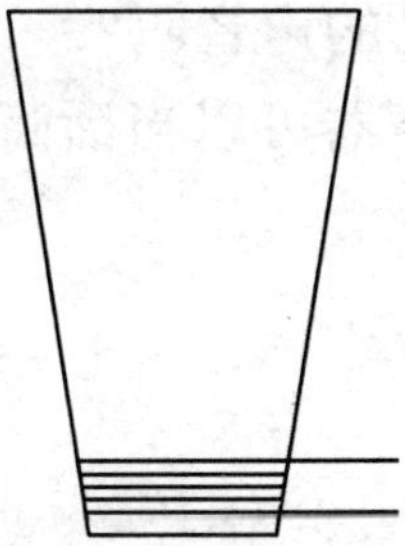
图 3

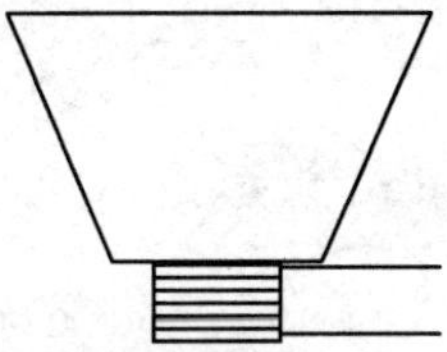
图 4

在上述方案的基础上，在线圈底部垫上圆柱形磁铁，用双面胶将绕好线的泡沫塑料块与磁铁粘在一起，扬声器就做好了。

想想看，还有哪些制作扬声器的方案。

2. 制作扬声器。

选择上述扬声器制作方案中的某一种，自制一个扬声器。

三、让扬声器发声

1. 将扬声器线圈两根引出线端点处的绝缘漆用砂纸打净，再将端线与外部扬声器插头相接。

2. 将外部扬声器插头插入收录机中的外部扬声器接口，打开收录机，播放一段熟悉的音乐，听一听效果如何。

四、扬声器的改进

比较前面三种方案的效果，选择一种较好的方案，并调整线圈的大小和匝数，进一步改进扬声器，看看怎样做效果更好？

实验结果

____

____

____

五、扬声器当话筒使用

1. 自制的扬声器也可以当话筒使用，将扬声器的插头插入收录机的外部话筒插口。

2. 按下收录机的录音键，同时对着纸杯说话或唱歌，将自己的声音录下来。

3. 将插头从话筒插口拔出，插入外部话筒插口，然后播放刚才的录音，听听效果如何。听得出是你自己的声音吗？

4. 与同学讨论，为什么扬声器可以当话筒使用？

我的解释

____

____

____

超级链接

扬声器的构造与分类

扬声器是一种把电信号转换成声音信号的电声器件。最常见的扬声器是电动式锥形纸盆扬声器。纸盆扬声器大体由磁回路系统（永磁体、芯柱、导磁板）、振动系统（纸盆、音圈）和支撑辅助系统（定心支片、盆架、垫边）等三大部分构成。音圈是扬声器的驱动单元，它是用很细的铜导线分两层绕在纸管上，一般绕有几十圈。音圈与纸盆固定在一起，当声音电流信号通入音圈后，音圈振动带动着纸盆振动。纸盆是扬声器的声音辐射器件，在相当大的程度上决定着扬声器的放声性能，要求既要质量小又要刚性良好。

按工作原理的不同，扬声器主要分为电动式扬声器、电磁式扬声器、静电式扬声器和压电式扬声器等。电动式扬声器采用通电导体作为音圈，当音圈中输入一个音频电流信号时，音圈相当于一个载流导体。如果将它放在固定磁场里，根据载流导体在磁场中受到力的作用而运动的原理，音圈会受到一个大小与音频电流成正比、方向随音频电流变化而变化的力，这样，音圈就会在磁场作用下产生振动，并带动振膜振动，振膜前后的空气也随之振动，这样就将电信号转换成声波向四周辐射。这种扬声器应用最广泛。

扬声器还可以根据振膜形状分为锥形扬声器、平板形扬声器、球顶形扬声器、带状形扬声器、薄片形扬声器等；根据放声频率分为低音扬声器、中音扬声器、高音扬声器、全频带扬声器等。

兴趣拓展

比较研究：自制扬声器的改进

比较研究是一种重要的研究方法。找一个音响设备上报废的扬声器，观察这个扬声器的结构，比较它与我们自制的扬声器有哪些相同之处和不同之处，思考自制的扬声器可以怎样改进。具体做一做，再与大家交流。

24 利用普通的金属板发射和接收电磁波

几块普普通通的金属板，或者几个废弃的易拉罐，就可以实现电磁波的发射与接收，这是多么激动人心的事情。下面我们一起来做这个实验，看看如何利用普通的金属板或易拉罐发射和接收电磁波。

知识平台

以下知识与这一探究活动有关，需要认真理解和运用。

麦克斯韦电磁场理论要点：变化的磁场产生电场，变化的电场产生磁场。

电磁场：变化的电场和变化的磁场相互联系，形成一个不可分离的统一的场，这就是电磁场。

电磁波：电磁场在空中由近及远传播，就形成电磁波。

趣味探究

器材准备

各种规格的金属铝板、铜板，易拉罐，线圈，收录机2台（有外带扬声器和话筒插口），插头，导线，金属夹。

实验探究

一、制作发射装置

1. 选两块边长30cm左右、大小相同的铝板，将它们竖直立在水平桌面上，两板间隔一定的距离且互不平行。

2. 用与导线相连的金属夹各夹住一块铝板，再将与导线另一端相连的插头插入收录机甲的外部扬声器插口，发射装置就做好了，如图1所示。

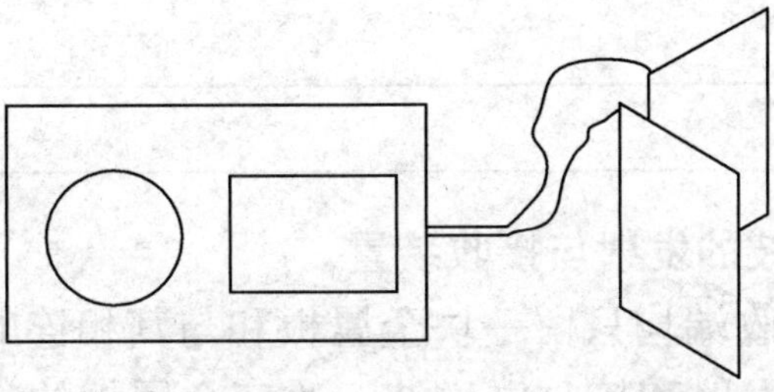

图 1

二、制作接收装置

与发射装置的做法相同，只须将插头插入另一台收录机乙的外部话筒插口即可。

三、电磁波的发射与接收

1. 将作发射用的两块金属板与作接收用的两块金属板相对放置，如图 2 所示。

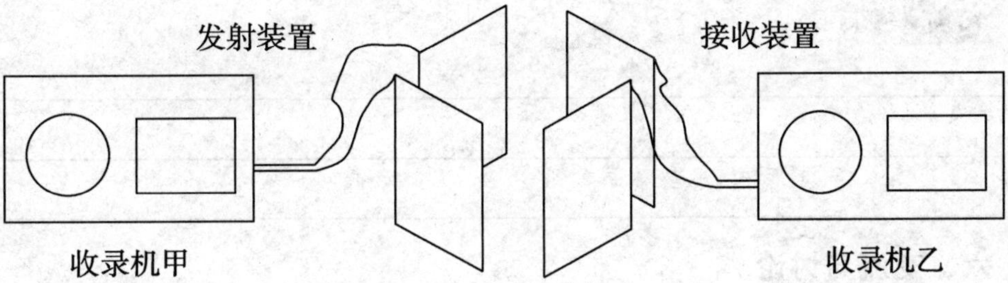

图 2

2. 在收录机甲中播放一盘磁带中的乐曲，这时电磁波将由与收录机甲相连的两块金属板发射出去。

3. 按下收录机乙的暂停按钮，再按下录音按钮，这时收录机乙就可以起到扩音器的作用。开始播放所接收到的音乐。如果收录机乙没有这种扩音作用，也可以先用磁带录下接收到的音乐，再进行播放。

四、寻找最佳效果

1. 尝试调整四块金属板之间的距离和角度，看怎样做效果更好。

2. 尝试换不同大小、不同材料的金属板，看怎样做效果更好。

3. 通过上述实验，你发现哪些规律？

我的发现

五、改变电磁波的发射与接收装置

1. 发射端和接收端均只留一块金属板和与其相连的导线，将两块金属板正对，看看能否发射和接收电磁波。改变金属板的相对位置和距离，看看效果如何。

2. 用两个易拉罐代替上述步骤中的两块金属板，改变易拉罐的相对位置，看看效果如何。

3. 用两个线圈分别代替发射装置和接收装置中的两块金属板，改变线圈的相对位置，看看效果如何。改变线圈的大小、形状、匝数等，看看效果又如何。

4. 通过上述实验，你发现哪些规律？

我的发现

六、交流与讨论

你还有哪些需要请教和希望与大家交流的问题，请提出来与大家交流。

我要提问

超级链接

震撼世界的十大科学实验

对我们中的大多数人来说，科学实验只是在实验室里面进行，没有什么实际作用。不过对科学家来说，它们却是最终现实的检验，拥有创造或打破关于宇宙的最重要理论的能力。科学实验不仅仅确认或者驳倒一些理论，它们还改变了我们对生命、现实甚至是对我们自己的看法。实验有时候完全颠覆了我们的关于世界如何运行的常识性概念，有时候还会粉碎存在已久的虚构理论。以下就是被认为震撼世界的十大科学实验。

1. 海因里希・赫兹与无线电波的发现（1888 年）
2. 斯坦利・米尔格拉姆和服从权威实验（1961 年）
3. 恩里科・费米和第一次链式核反应实验（1942 年）
4. 埃丁顿证实爱因斯坦引力理论的实验（1919 年）
5. 米切尔森—莫利实验（1887 年）
6. 克隆羊多莉（1997 年）
7. 奥斯瓦尔德・埃弗里的 DNA 实验（1944 年）
8. 格雷戈尔・孟德尔与基因（1857 年）
9. 爱德华・詹纳与接种牛痘（1796 年）
10. 巴斯德与微生物（1860 年）

● 通过图书馆和网络查询相关资料，了解这些实验的具体内容及其重大意义。组织一场报告会，介绍这些实验，并谈谈自己的感受。

兴趣拓展

最简单的电磁波发射装置

准备一把锉刀、一节干电池和一些导线。让电池的负极通过导线与锉刀的手柄处连接，或将电池的负极直接放置在锉刀的手柄处，并使它们接触良好。电池的正极再接一根导线，手持这根导线的另一端，使导线的端点在锉刀的刀面上来回滑动，如图 3 所示。由于锉刀面凹凸不平，导线与锉刀面断续接触，使得电路中的电流时通时断，时大时小，由于导线内的电流变化很快，从而产生了电磁波。

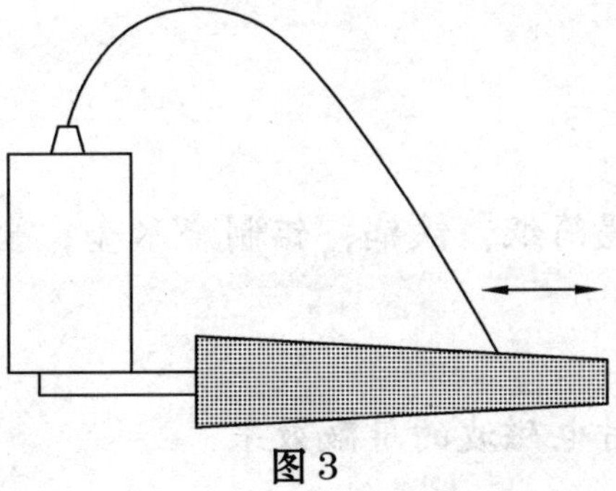

图 3

取一台普通的收音机，打开音量开关，再转动调谐旋钮至广播电台的空隙处（即收不到广播），并将音量开大，摆放在锉刀旁边。当导线的端点在锉刀的刀面上来回滑动时，产生的电磁波经收音机接收、放大，便会发出“喀喀”的杂音。

实际做一做，并且看看怎样才能使收音机接收到的信号最强。

25 探究金属对电磁波的屏蔽作用

电场知识告诉我们，金属对静电场具有静电屏蔽作用。那么，金属对电磁波是否同样具有屏蔽作用？如果有，屏蔽效果又如何呢？下面我们一起来探究。

知识平台

以下知识与这一探究活动有关，需要认真理解和运用。

静电屏蔽与电磁屏蔽

静电屏蔽：静电屏蔽指的是对静电场的屏蔽。静电屏蔽原理指出，一个接地的空心导体，外界的电场不会影响腔内的物体。

电磁屏蔽：电磁屏蔽是针对电磁波的屏蔽，影响电磁屏蔽效能的不是屏蔽体接地与否，而是屏蔽体的导电连续性。破坏屏蔽体的导电连续性的因素有屏蔽体上不同部分的接缝、开口等。因此，电磁屏蔽对屏蔽体的导电性要求要比静电屏蔽严格。

趣味探究

器材准备

收音机，手机，锡箔纸，铁锅，铝制烧水壶，金属饼干盒，金属笼。

实验探究

探究一：锡箔纸对电磁波的屏蔽效果

1. 将收音机调到某个调频台，使其正常播音。

2. 用锡箔纸将正常播音的收音机完全包裹起来，还听得到声音吗？

3. 慢慢打开锡箔纸，情况又如何？

4. 改变包裹的层数，情况有什么变化？

5. 在锡箔纸上穿一些小孔，情况又如何？改变孔的大小和数量，情况又如何？

6. 换别的频道和波段（如调幅台），情况又如何？

7. 用手机代替收音机进行实验。手机开机后用锡箔纸将其完全包住，再用另一部手机拨打它的号码。能听到被包住的手机的铃声吗？

8. 慢慢打开锡箔纸，情况又如何？

9. 改变包裹的层数，情况有什么变化？

10. 在锡箔纸上穿一些小孔，情况又如何？

11. 改变孔的大小和数量，情况又如何？

12. 通过上述实验，你发现哪些规律？

我的发现

____

____

____

13. 你还想到改变哪些条件？写出你的设计，并具体试一试，看结果如何。

我的设计

____

____

____

探究二：铁锅对电磁波的屏蔽效果

用炒菜的铁锅及金属锅盖代替探究一中的锡箔纸，重复上述实验，看铁锅的屏蔽效果如何？

探究三：铝制烧水壶对电磁波的屏蔽效果

用烧水用的铝制（或锑制）水壶代替探究一中的锡箔纸，重复上述实验，看铝制（或锑制）水壶的屏蔽效果如何？

探究四：金属饼干盒对电磁波的屏蔽效果

用金属饼干盒代替探究一中的锡箔纸，重复上述实验，看金属饼干盒的屏蔽效果如何？

探究五：金属笼对电磁波的屏蔽效果

用金属丝或金属网制成的金属笼代替探究一中的锡箔纸，重复上述实验，看金属笼的屏蔽效果如何？

将上述五个探究实验进行对比，你可以得出什么结论？

实验结论

____

____

____

超级链接

纳米涂料

纳米是一个长度计量单位，一纳米相当于十亿分之一米，大约是10个原子并列的宽度。当物体颗粒小到纳米量级后，这种物质就可被称为纳米材料。纳米材料会表现出常规粗晶粒材料所不具备的差异特性和反常特性。比如，原来是导体的铜等金属，在尺寸减小到几个纳米时就不导电；而绝缘的二氧化硅等，在尺寸减小到几个纳米或十几纳米时，电阻会大大下降，失去绝缘性，变得能够导电。

目前的家用电器外壳多数是由树脂加碳黑的涂料喷涂而形成的光滑表面，由于有导电作用，因而表面的涂层就有静电屏蔽作用。如果不能进行静电屏蔽，电器的信号就会受到外部静电的严重干扰。采用纳米涂料不但对家用电器有良好的静电屏蔽特性，而且克服了碳黑静电屏蔽涂料只有同一颜色的单调性。

兴趣拓展

电梯中能否接收到收音机和手机信号

带上收音机和手机到金属电梯中去做实验，看看电梯中能否接收到收音机和手机信号，并思考其中的原因。

热学篇

26 这个轮子为什么能不停地转动

一只轮子在灯光的照射下不停地转动，时快时慢，时转时停，像一台不知疲倦的“永动机”，使人感到神奇无比。下面我们就一起来制作这样的一台自动转轮，并研究其自动转动的原因。

知识平台

以下知识与这一探究活动有关，需要认真理解和运用。

热胀冷缩与反常膨胀

热胀冷缩：如果物体所受外界压力不变，大多数物体的体积都随温度的升高而增大，这种现象叫作热胀冷缩。

反常膨胀：与大多数物质的性质相反，在0~4℃的温度范围内，水的体积却随温度的升高而减小，这就是说，水在0~4℃之间是冷胀热缩。水的这一反常性质称为反常膨胀。

趣味探究

器材准备

硬纸板，橡皮筋，圆珠笔芯，大头针，白炽灯，灯座，支架。

实验探究

一、自制“自动旋转轮”

1. 找一块硬纸板，做一个圆环，外径大约 20cm，宽度大约 5cm。然后在外边缘上等距地切 8 个 2mm 深的切口。

2. 切一小截圆珠笔芯上的空心笔杆，固定放在硬纸圆环的圆心处，再准备四根橡皮筋，将每根橡皮筋两端卡口上，中间部分绕过圆环圆心处的空心笔杆。做成一个有固定转动轴的轮子，如图 1 所示。

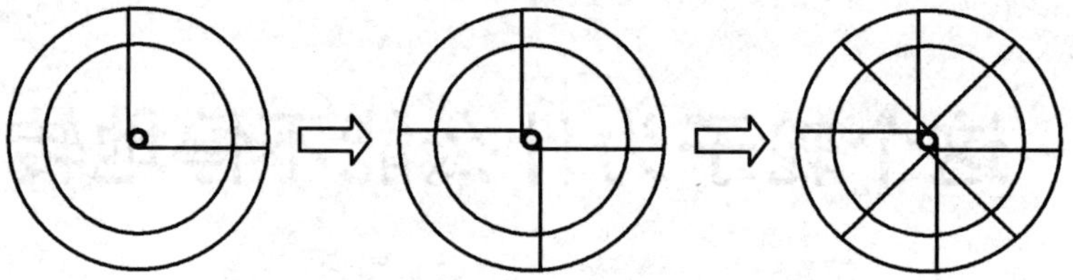

图 1

3. 用一根大头针水平穿过空心笔杆，作为水平转动轴，然后将大头针的两端架在支架上，使轮子能够绕水平轴自由转动，如图 2 所示。

4. 如果轮子不能自由转动，说明轮子的重心不在圆心，这时必须想办法将轮子的重心调整到圆心处。想想看，可以采取什么方法进行调整？

> **提 示**
>
> 可以采取的方法很多。比如，增加轮子边缘切口的深度，在圆环上某处贴胶带等，当轮子能够停在任意位置时，说明轮子的重心已经调整到圆心处了。

二、研究“自动旋转轮”会自动转动的原因及其规律

1. 将一盏100W的白炽灯放在轮子转轴的左侧，并贴近橡皮筋约 1cm 处，如图 3 所示。

图 2

图 3

2. 接通白炽灯电源，注意观察所发生的现象，并做好记录。

实验记录

____

____

____

____

3. 思考并讨论轮子旋转的原因以及橡皮筋受热形变的规律，解释如何确定轮子旋转的方向，解释轮子旋转的能量是哪里来的？

> **提 示**
>
> 注意观察轮子是否开始自动旋转起来了？轮子旋转的方向是怎样的？橡皮筋是否发生了形变？圆心位置朝哪边偏移？

我的解释

____

____

____

____

4. 将灯泡放在轮子边缘的不同位置，利用你前面发现的规律，猜测一下轮子旋转的方向。然后实际做一做，看看轮子的旋转情况是怎样的。

5. 将轮子的条幅由8根增加到16根，看看轮子的旋转情况有什么不同。

6. 将硬纸板做成的圆环的重量增大，看看轮子的旋转情况有什么不同。

7. 将轮子的半径增大，看看轮子的旋转情况有什么不同。

8. 将灯泡的功率增大，看看轮子的旋转情况有什么不同。

9. 通过上述实验，请你归纳一下“自动旋转轮”的转动快慢与哪些因素有关？

“自动旋转轮”的转动快慢与以下因素有关

____

____

____

超级链接

湖泊结冰时鱼为什么未被冻死

随着寒冷的冬天来临，气温开始降低，湖泊中的水温也随之下降。假设湖泊中全部湖水温度为 10℃， 而此时湖面上空气的温度为 -10℃，于是湖表面的水就会变冷， 比如说温度降到 9℃，这部分水因变冷而收缩， 其密度比底下较暖的水的密度大，因而沉入下面密度较小的水中，下面的 10℃的水上升。冷水的下沉引起湖水的上下循环与混合过程，如果这个过程一直持续下去，全部湖水都会冷却到 0℃，并开始冻结，鱼就无处求生了。

由于水具有反常膨胀的性质，当湖泊中的所有水冷却到 4℃时，湖表面水的温度进一步降低,这部分水的体积不但不缩小反而膨胀,即表面水的密度比下面小，因而就浮在水面上不再下沉，湖水的上下循环与混合过程停止了。表面以下的水主要通过热传导散热,而水是热的不良导体,这样散热是比较慢的。表面水的温度，先于下面的水降至 0℃并开始结冰。冰的密度比水小，所以一直浮在水面上而不下沉。冰下面的水，从上到下温度为 0℃到 4℃，从上到下逐渐结冰。由于水向上散热较慢，并且有地热由湖底向上传导，因此湖水很难完全冻结。湖中的鱼就可以在靠近湖底的 4℃的水中安然过冬。

可见，恰好是水的反常膨胀对江河湖泊中的鱼类和其他动植物的生命起到了一定的保护作用。大自然就有如此神奇的力量。

兴趣拓展

魔力水车

在中国科学技术馆，有一件展品叫“魔力水车”，如图 4 所示，一个大轮子，边缘上固定着许多金属片，轮子底部浸在热水槽中，似乎没有任何动力驱动，但它却在不停地转动。

轮子转动的奥秘在于，轮子边缘上固定的金属片用到的材料是形状记忆合金。形状记忆合金能记住自己在某些温度下的外部形状。当金属片进入热

图4　魔力水车

水槽中后，它的形状要发生很大的变化，恢复到原来所记忆的形状。在这一过程中，叶片对水将产生一个作用力，而水对叶片的反作用力就使轮子旋转起来。

中国科学技术馆内还有很多非常有趣的展品，我们可以从中学到很多东西。我们可以去实地参观，也可以登录中国科学技术馆网站。

● 交流与讨论：魔力水车旋转的能量是哪里来的?

27　热水会比冷水先结冰吗

水结冰的过程通常是先降温，温度降到0℃时开始结冰，所以，在同一环境下，质量相同的冷水比热水先结冰是很正常的。可是，我们在一些文献或媒体中，经常看到或听到一种说法，那就是“热水会比冷水先结冰”。如果说“热水会先结冰”，你会相信吗？让我们通过实验进行探究。

趣味探究

器材准备

冰箱，温度计，秒表，量杯，一次性纸杯，不锈钢杯（带杯盖），硬纸板，热水，冷水。

实验探究

一、敞开杯口结冰的情况

1. 用两只相同的一次性纸杯，分别装上 50mL 热水和冷水（水质相同），测出并记录它们的初始温度，然后将它们放入冰箱的冷冻室制冷。

2. 每隔 2min 测量一次水温，并做好记录。观测过程直到水完全结成冰为止。提示：观测过程中小组同学之间注意互相配合，动作要快，打开冰箱门的时间要尽可能短。

3. 作出水结冰过程的温度—时间图像，如图 1 所示，将热水和冷水的图像画在同一个坐标系中。

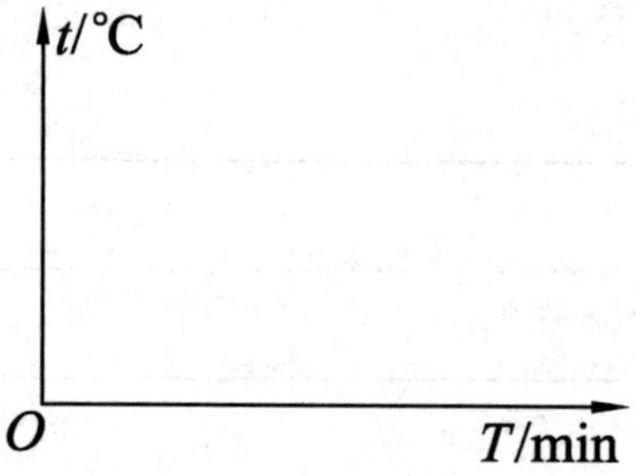

图 1

4. 比较热水和冷水的温度—时间图像，你能得出什么结论？

实验结论

5. 将一次性纸杯换成不锈钢杯，敞开杯口，重复上述实验，作出水结冰过程的温度—时间图像，如图 2 所示，将二者的图像画在同一个坐标系中。

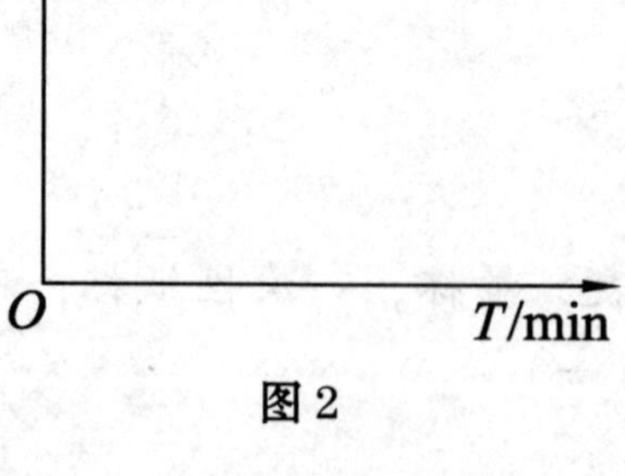

图 2

6. 进行比较并得出结论。

实验结论

____

____

____

7. 比较用一次性纸杯和用不锈钢杯敞开杯口结冰的情况，看看结果有什么不同？

二、封闭杯口结冰的情况

1. 用两只相同的一次性纸杯，分别装上 50mL 热水和冷水（水质相同），测出并记录它们的初始温度，然后用硬纸板作杯盖，将杯子盖起来，再将它们放入冰箱的冷冻室制冷。

2. 每隔 2min 测量一次水温，并做好记录。观测过程直到水完全结成冰为止。

3. 作出水结冰过程的温度—时间图像，如图 3 所示，将热水和冷水的图像画在同一个坐标系中。

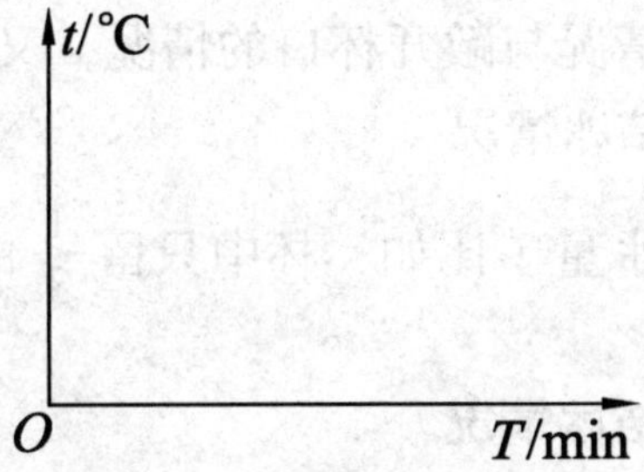

图 3

4. 比较热水和冷水的温度—时间图像，你能得出什么结论？

实验结论

____

____

____

5. 将一次性纸杯换成不锈钢杯，盛水后旋紧杯盖，重复上述实验，作出水结冰过程的温度—时间图像，如图 4 所示，将二者的图像画在同一个坐标系中。

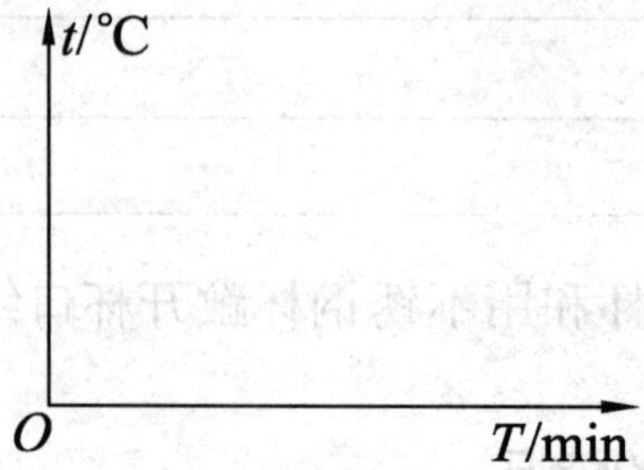

图 4

6. 进行比较并得出结论。

实验结论

____

____

____

____

7. 比较封闭杯口的情况与敞开杯口的情况，又能得出什么结论？

三、水量不同时的结冰情况

改变热水和冷水的水量（比如，杯中只留 $\frac{1}{3}$ 的水），重复上述实验，看看情况有什么不同。

四、水温不同时的结冰情况

改变热水和冷水的初始温度，重复上述实验，看看情况有什么不同。

五、杯子位置不同时的结冰情况

改变盛热水和盛冷水的杯子放在冷冻室中的位置，重复上述实验，看看情况有什么不同。

六、讨论与交流

还有哪些因素可能会影响到冷水和热水结冰的快慢？先进行猜测，再设计实验加以验证。

我的设计

七、综合评述

通过上述各种类型的对比实验以及得到的相关结论，请你对“热水会比冷水先结冰”这一观点作出综合评述。

综合评述

超级链接

姆潘巴效应

据报道，坦桑尼亚一个名叫姆潘巴（Mpemba）的中学生发现了热水比冷水先结冰的现象，人们称之为“姆潘巴效应”。

1963 年，姆潘巴在学校制作雪糕。本来，他应该等牛奶冷却之后才将其放入冰箱，但由于冰箱空间不足，他不等牛奶冷却就直接放进去了。结果令他很惊讶，他发现他的热牛奶竟然比其他同学的已经冷却过的牛奶更早凝固成冰。

一次，奥斯波恩（Osborne）博士访问姆潘巴就读的那所中学。姆潘巴向他提起这个问题，奥斯波恩博士也不能解释。后来，奥斯波恩博士也进行了这项实验，得到了同样的结果。1969 年，姆潘巴和奥斯波恩报道了他们的研究结果。

到目前为止，还没有一个实验可以清晰地显示它的机制。人们发现，影响姆潘巴效应的变量太多，这些因素对实验结果都很敏感。例如，容器的形状和大小，冰箱的形状和大小，水中气体和其他杂质的含量，蒸发、对流等周围环境的影响等。

另一方面，并不是在任何情况下都会出现热水比冷水先结冰的结果。例如，99.9℃ 的热水和 0.01℃ 的冷水，毫无疑问的是冷水会先结冰。可见，姆潘巴效应并不是在任何条件下都会发生。

兴趣拓展

● 换用糖水、盐水、纯牛奶、加糖甜牛奶、淀粉牛奶、市售冰淇淋等不同样品进行实验研究，看看有什么发现。

特别提醒

把你做实验时的各种条件要如实地、详细地做好记录。

28 会自动旋转的纸片

将一张薄纸用一根竖直的、带底座的大头针顶起来，再将大头针的底座放在自己的头顶上，这时，周围的同学会惊讶起来。发生什么事了？你对着镜子照照看，看到了什么现象？原来，被顶在针尖上的薄纸竟转动起来了，并且在不停地转动，奇怪的是，窗外并没有一丝风吹进来。纸片为什么会自动旋转呢？纸片转动的能量从何而来？

知识平台

以下知识与这一探究活动有关，需要认真理解和运用。

对流：气体或液体受热时，受热的部分由于体积膨胀，密度减小，将向上流动，较冷的部分则会向下流动，这样不断地相互流动，直至全部变热，达到平衡。液体、气体的这种传热方式叫对流。它们的特点是借助液体、气体的流动实现热的传递。

趣味探究

器材准备

薄纸，大头针，橡皮泥，细线，剪刀，圆规。

实验探究

一、会自动旋转的纸片

1. 将一张薄纸剪成长方形，沿长度与宽度的中线朝同一面各对折一次，如图1所示。然后沿折线方向用力挤压，使对折线的交叉点向上凸起。

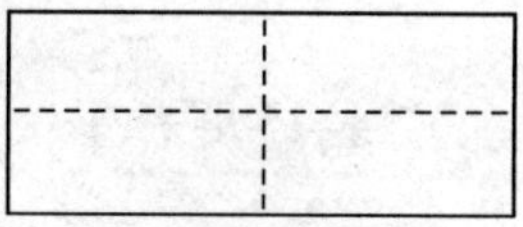
图1

2. 用一小块橡皮泥做一个底座，用一根大头针竖直向上固定在底座上，做成一个支架。

3. 将对折好的薄纸轻轻地放在支架上，使大头针的针尖正好顶在薄纸对折线的交叉点上，这样薄纸就恰好可以平衡。

4. 将手放到纸片下面，然后伸开手掌，手心向上，这时你看到了什么现象？

实验记录：________________________________。

【提示】纸片会慢慢地转动起来。

5. 将手从纸片下移开，这时你又看到了什么现象？

实验记录：________________________________。

【提示】纸片会慢慢地停下来。

6. 将手掌互相摩擦后才放到纸片下面去，看看结果又有什么不同？

实验记录：________________________________。

【提示】纸片会转得更快。

7. 将支架和纸片放在一位同学的头顶上，看看会发生什么现象？

实验记录：________________________________。

【提示】纸片会慢慢地转动起来。

8. 设计不同大小和形状的纸片，用来代替上述纸片。

我的设计

____

____

____

9. 用你设计的不同大小和形状的纸片重复以上实验，看看结果有什么不同？什么形状的纸片转得更快？

实验记录：________________________________。

10. 思考与讨论：在以上实验中，纸片为什么会自动旋转？纸片转动的能量从何而来？请做出合理的解释。

特别提示

在实验过程中，要关好教室的门窗，还要周围的每个同学屏住呼吸，以免产生的气流影响纸片的运动。

我的解释

______

______

______

二、会自动旋转的纸条

1. 将一张薄纸剪成圆形，然后从圆心开始在纸上画一条螺旋线，一直延伸到圆周上，如同一盘蚊香一样。

2. 用剪刀沿着螺旋线将圆形纸片剪成螺旋状纸条，用一根细线拴在纸条的圆心处，将纸条悬挂起来。

3. 用手提着纸条停留在一盏正在发光的灯泡上方，这时你看到了什么现象？

实验记录：______。

【提示】纸条会慢慢地转动起来。

4. 将手掌互相摩擦后放到纸条下面去，看看会发生什么现象？

实验记录：______。

【提示】纸条会慢慢地转动起来。

5. 用手提着纸条停留在不同热源的上方，看看会发生什么现象？

实验记录：______。

【提示】纸条的转动快慢会不一样。

6. 思考与讨论：在以上实验中，纸条为什么会自动旋转？纸条转动的能量从何而来？请做出合理的解释。

我的解释

______

______

______

______

超级链接

超自然的能力

以上的纸片旋转实验，在 18 世纪 70 年代，曾经使不少人认为人体有某种超自然的能力。但是事实上这个实验的原理很简单：只要人体的温度比周围空气温度略高一点，人体就会向周围散热。手放在纸片附近时，下部的空气被手掌温暖了就向上升，上升的空气碰到纸片，纸片就会旋转起来。当纸片处于头顶上时，受到了头顶上上升的温暖空气的作用，所以纸片也会旋转。

● 你们的讨论结果是这样的吗？
● 对上述解释你还有什么看法？

____

____

____

兴趣拓展

自制热气球

模拟热气球：找一个塑料袋（保鲜袋、纸袋），使其开口向下，用一个电吹风对着袋口吹热风，注意手要躲开热风，以免烫伤。当袋子里装满热气后，松开袋子，由于热气密度较小，便会使袋子上升。

热气球：用细竹篾和细铁丝做成一个球面的骨架，球面上张贴报纸，并开一个小孔，用细铁丝做一个十字架，固定在小孔上，将浸过酒精的棉球固定在十字架中央。点燃酒精棉球，热气球内空气被逐渐加热，热气球就会缓缓地上升。

> **特别提醒**
> 注意安全，谨防火灾。

29 估测花生仁的燃烧值

花生仁中含有丰富的花生油，所以花生仁可以直接燃烧。你能不能设计一个实验，估测花生仁的燃烧值？

知识平台

以下知识与这一探究活动有关，需要认真理解和运用。

燃烧值：1kg 某种燃料完全燃烧放出的热量，叫作这种燃料的燃烧值。燃烧值的单位是 J/kg。

比热容：单位质量的某种物质，温度升高 1℃吸收的热量，叫作这种物质的比热容，简称比热。比热的常用单位是 J/(kg·℃)。水的比热容较大，为 4.2×10^3 J/(kg·℃)。

吸热公式：水的温度从 t_0 升高到 t 所吸收的热量为：$Q=cm(t-t_0)$，式中 c 为水的比热容，m 为水的质量。

趣味探究

器材准备

花生仁，天平，砝码，小试管，烧杯，温度计，水，铁夹，铁盒，铁架台，火柴，你认为有必要的其他器材。

实验探究

1. 查询几种常见燃料的燃烧值，猜想花生的燃烧值。

   我的猜想：花生的燃烧值约为 ______________。

2. 设计实验方案（以小组为单位）。

我的设计

____

____

____

3. 各小组之间交流实验方案，并在交流中学会倾听他人的意见，学习他人的长处，改进并完善自己的方案。

我的几处改进

4. 按照方案进行实验，测出相关物理量，求出花生的燃烧值。

实验记录

5. 对实验结果及实验过程、实验方法进行反思与评估，看看哪些因素会对实验结果的准确性造成影响，如何进一步改进和完善实验方案？

反思与评估

以下设计方案供参考。

1. 用天平测出一颗花生仁的质量。
2. 用小试管装少量水，并测出水的质量。
3. 将小试管固定在铁架台上，用温度计测出水温。
4. 用铁夹夹住花生仁，将花生仁用打火机点燃，迅速放入铁盒中，并将铁盒迅速放入试管底部，对水加热。
5. 当花生仁燃烧完时，测出水的温度。
6. 求出水吸收的热量。
7. 算出花生仁的燃烧值。
8. 对实验结果及实验过程、实验方法进行评估，看看哪些因素会对实验结果的准确性造成影响，如何改进？

超级链接

最理想的燃料——氢

科学家经长期研究，发现氢是最理想的燃料之一。如果把氢和氧混合燃烧，氢气在空气中燃烧的速度比汽油快 10 倍以上。相同质量的氢比汽油燃烧时产生的热量多得多，所以氢又是目前热效率最高的燃料。氢还是一种最干净的燃料，其燃烧后的产物是水，对环境无任何污染。氢蕴藏于浩瀚的海洋之中，储量丰富。氢气重量轻，储存及输送性能好，使用方便，适用范围广，贮氢燃料电池既可用于汽车（如图 1 所示）、飞机、宇宙飞船，又可用于其他场合进行供能。液氢可以用作火箭发动机的推进剂和其他航天动力燃料（如图 2 所示）。

图 1　氢动力燃料电池车

图 2　火箭用液氢作为燃料

不远的将来，氢能汽车将驰骋于高速公路上，氢能列车将在铁路上飞奔，氢能飞机将翱翔于蓝天，氢能飞船将穿梭于星际，人类将迎来一个洁净、高效的明天。

兴趣拓展

● 怎样用最简捷的方法测定花生的密度？请设计实验方案，并实际做一做。

● 利用花生还可以进行哪些探究实验？

30　不需要动力的小船

一只小船，既没有发动机，也没有风帆，似乎不需要任何动力，却可以在水面上行驶。小船运动的动能从何而来？它是不是违背了能量守恒定律呢？下面我们就来制作这样一只神奇的小船，并探讨上述问题。

知识平台

以下知识与这一探究活动有关，需要认真理解和运用。

液体的表面张力：由于液体表面层里分子的分布比液体内部稀疏些，所以分子间的距离比液体内部分子间的距离要大一些，分子间的相互作用主要表现为引力。正是这种引力的作用，使得液体表面有收缩到最小的趋势。液体表面的这种力叫液体表面张力。

趣味探究

器材准备

泡沫塑料板，小刀，胶带，肥皂，洗涤剂，盛水容器（或水池），水果糖，盐。

实验探究

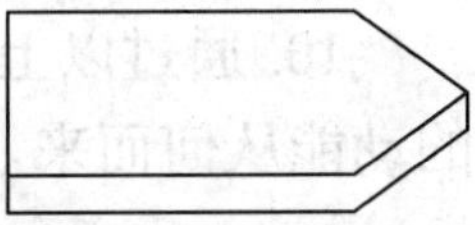

图 1

1. 用小刀将泡沫塑料板切割做成一只长约 6cm、宽约 3cm、高约 2cm 的小船，形状如图 1 所示。

2. 将小船轻放在容器中的水面上，观察小船是否运动。

实验记录：________________。

3. 将小船从水中拿出，在船的尾部用胶带固定一小片肥皂，肥皂片的底部与小船的底部相齐，使肥皂的下半部分能没入水中。

4. 重新将小船放在水面上，注意观察小船的动静，看看你有什么发现？小船是否能够动起来？朝什么方向运动？最终是否会停下来？停在何处？

我的发现

____

____

____

5. 容器中重新换上一盆清水，将不带肥皂的小船放入水中，然后在小船的某一侧滴几滴洗涤剂，注意观察小船的动静。它是否能够动起来？朝哪个方向运动？据此总结一下小船运动的规律。

小船运动的规律

6. 容器中重新换上一盆清水，将小船尾部的肥皂换成一粒水果糖，观察小船在水中的运动有什么不同。

7. 改变小船的大小和形状，重复上述实验，观察结果有什么不同。

8. 将清水换成盐水，重复上述实验，观察结果有什么不同。

9. 你还想改变实验中的哪些物理量？谈谈你的设想，并具体做一做。

我的设想

10. 通过以上实验，对小船能自动航行的原因做出解释，说明小船运动的动能从何而来。

我的解释

11. 进行一次无动力小船行驶比赛，看谁制作的无动力小船能够沿预定航线又快又准地到达目的地。

超级链接

图片欣赏

欣赏下面这两幅照片（如图2、图3所示），并思考为什么小昆虫能在水面上自如行走而不陷入水中？小鱼为什么会被困在水珠中出不来？

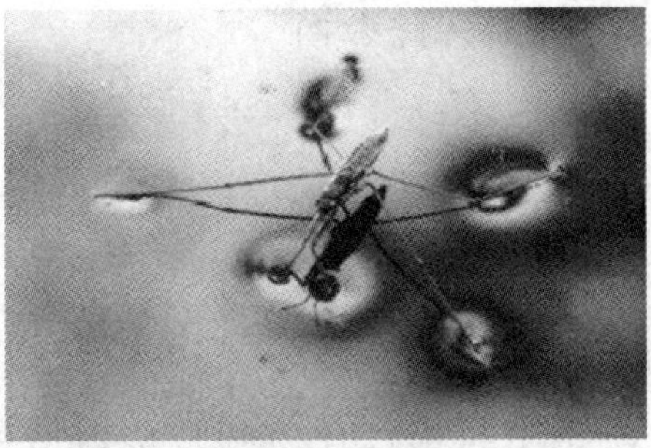

图 2　小昆虫在水面上行走

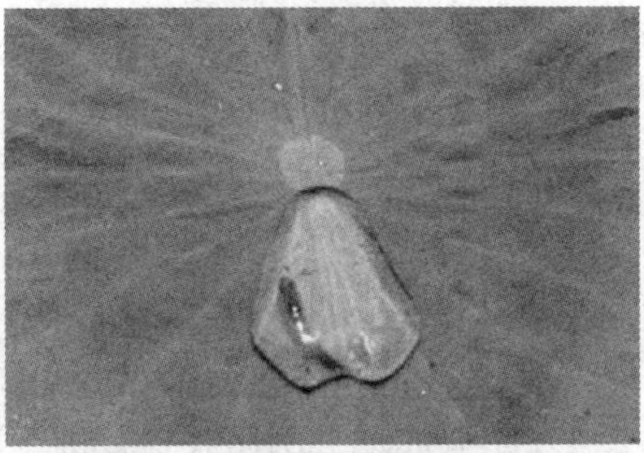

图 3　被困在水珠中的小鱼

兴趣拓展

水杯投币

在杯中装满一杯水，直到水要溢出杯子为止，然后缓慢地往杯子中一枚一枚地放入硬币，直到水溢出杯口为止。先猜测一下，最多能够投入多少枚硬币，再实际做一做。最后数一数，你一共向杯中投入了多少枚硬币。

你还可以试一试，当水面胀高形成凸起的曲面时，在水面上滴一滴洗涤剂，会发生什么现象？

● 怎样解释上述现象？

____

____

____

31　形形色色的肥皂泡

五彩缤纷的肥皂泡又把我们带回到了美丽的童年。怎样才能吹出一个特别大的肥皂泡？肥皂泡在破灭之前能持续多长时间？人可以被罩在肥皂泡里面吗？肥皂泡还有哪些属性？下面我们共同来探讨这些问题。

趣味探究

器材准备

洗涤剂，水，白糖，杯子（或其他容器），大的平底盆，量筒（或量杯），吸管，铁丝，长粗绳，一次性纸杯，秒表，呼啦圈。

实验探究

一、配制吹泡泡的溶液

1. 用洗涤剂和水先按 1∶4 的比例配制吹泡泡的溶液。

2. 用配制好的溶液吹泡泡，看看效果如何。

3. 对于你所选用的洗涤剂，这个比例是不是最佳比例呢？你可以再配制一些不同比例的溶液，看看哪种溶液可以吹出更大的泡泡。

4. 在溶液中加入少量的白糖（或蜂蜜），使其均匀溶化在溶液中，看看所吹出的泡泡是否更大？持续时间更长？

5. 改变白糖（或蜂蜜）的比例，看看用怎样的糖、按怎样的比例调制的溶液效果更好？

6. 记录你的实验结果，找出配制吹泡泡溶液的最佳方案。

实验结果

____

____

____

二、做一个特大的泡泡

1. 取一支吸管，将其一端浸入溶液中，片刻后取出，从吸管另一端慢慢吹气，泡泡就被吹出来了。

2. 改变吸管浸入溶液中的深度，看看哪种情形吹出的泡泡更大？

3. 换用粗细、长短不同的吸管（也可用一次性纸杯试一试），看看哪种吸管吹出的泡泡更大？

4. 用铁丝做一个圆环，留一小段做手柄，如图 1 所示。

5. 准备一个大的平底盆，并盛入一些配置好的溶液。

6. 将圆环水平放置浸入平底盆所盛的溶液中，然后将圆环缓缓地向上提起，并在水平面上轻轻转动圆环，大泡泡就做出来了。

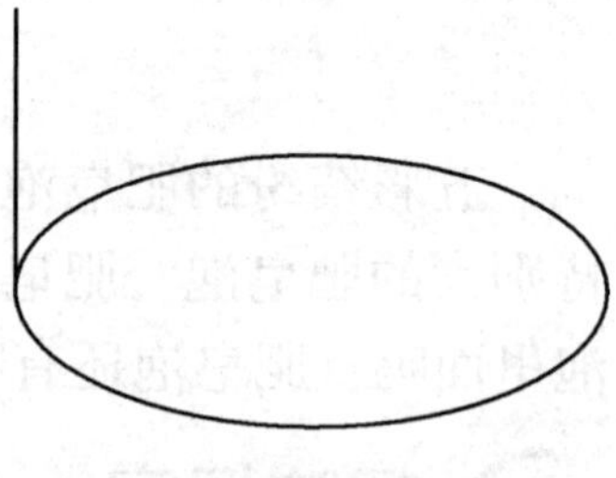

图 1

7. 改变圆环上提和转动的快慢，看看泡泡的大小有什么变化？

8. 改变圆环的大小，看看泡泡的大小有什么变化？

9. 将一段较长的粗绳穿过两支吸管（吸管当手柄用），然后将绳子首尾系上，使绳子形成一个近似的圆环，如图 2 所示。

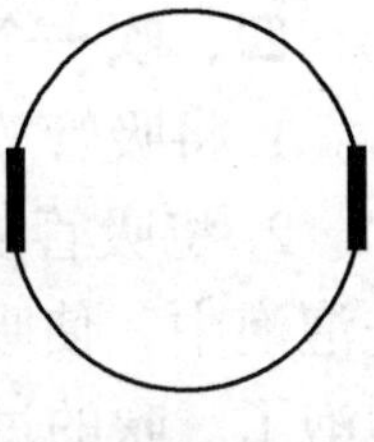
图 2

10. 将绳子做的圆环浸入大的平底盆所盛的溶液中，然后手持吸管将圆环缓缓提起来，同时将两根吸管带动粗绳分别向相反的方向扭动，大泡泡就做出来了。

11. 换用更长的绳子和更长的吸管，试试看能否做出更大的气泡。

12. 记录你的实验结果，找出制作大泡泡的最佳方案。

实验结果

____

____

____

三、哪种泡泡容易破

1. 用同一根吸管和同样的溶液分别吹三个大小不同的泡泡，用秒表测出每个泡泡在破灭前能持续多长时间。

2. 思考并讨论泡泡破灭的原因，并解释哪种泡泡容易破。

我的解释

____

____

____

3. 泡泡在破灭前能持续的时间长短，除了与泡泡的大小有关以外，还可能与哪些因素有关？通过实验加以验证。

实验结果

____

____

____

____

四、吹一个泡中泡

1. 将吸管放入一个较大的平底盆的溶液中，吹出一个较大的泡泡。

2. 将吸管从泡泡中抽出，使其一端在溶液中浸一下，然后将吸管再穿进泡泡中，使吸管开口端接触到平底盆中的溶液。现在可以开始吹第二个泡泡了。吹的过程中，看看第一个泡泡的大小是否变化，并解释其原因。

3. 用同样的方法尝试吹第三个、第四个……

五、做一面肥皂墙

1. 找一根 1m 左右长的细木棒，两端各绑上一根 2m 左右长的细绳，绳子的另一端各吊一个重物。

2. 在一个大的平底盆里盛上配制好的溶液，将重物、细绳和木棒放入溶液中。

3. 将细木棒缓慢地水平向上提起，一面巨大的肥皂墙就被造出来了，如图 3 所示。

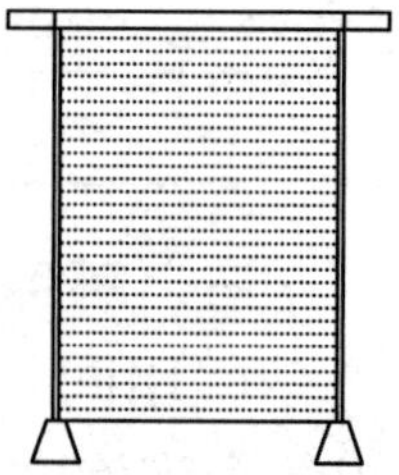

图 3

4. 改变木棒和细绳的长度，看看能不能制造一面更大的肥皂墙。

六、做一回泡中人

1. 在一个大平底盆里盛上配制好的溶液，在溶液中放入一个呼啦圈，呼啦圈上系两根绳子当提手用。

2. 你站到盆中呼啦圈的中间。

3. 另外两位同学站在盆两侧的凳子上，提着系呼啦圈的绳子，把呼啦圈慢慢地往上提高，一直高过你的头顶。

4. 你看到了什么情形？一个巨大的圆柱形肥皂泡将你围在其中，让你体验了一回泡中人的滋味。

5. 想想有什么办法可以把顶部的开口封起来吗？试试看。

超级链接

以小胜大

首先让我们做一个有趣的实验。用两根相同的吸管各吹一个大小不同的肥皂泡，然后，将两根吸管的吹口端严密地对接在一起（可以用手堵住接口处可能漏气的地方），这样，两个大小不同的肥皂泡就被吸管连通起来了，如图 4 所示。

注意观察这两个肥皂泡的大小将如何变化？你发现了什么？半径较小的肥皂泡

变得越来越小，直至消失，而半径较大的肥皂泡却逐渐变大了。这是怎么回事呢?

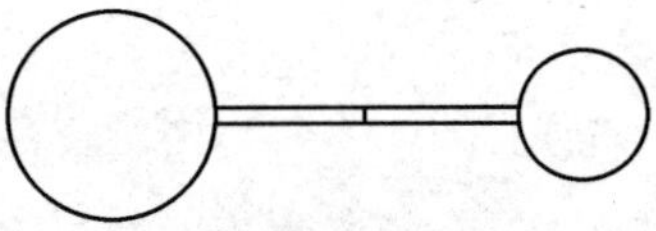

图 4

在肥皂泡的表面上，各部分液面间的表面张力是跟液面相切的，若取单位面积表面分析可知，作用于单位面积表面边界上的表面张力 f 的合力 F，将使这一表面对泡内的气体产生一附加压力，从而形成附加压强，球形肥皂泡的半径越小，表面的曲率越大，每单位面积表面边界上表面张力 f 的合力 F 越大，即单位面积表面产生的附加压力越大，因而肥皂泡表面对泡内气体的附加压强也就越大。由此可知，对半径较小的肥皂泡来说，泡内的气体将被压入到半径较大的肥皂泡中去，从而变得越来越小，直至消失。半径较大的肥皂泡则随着气体被压入而逐渐变大。

兴趣拓展

关于肥皂泡的几个“为什么”

1. 肥皂泡的颜色为什么是五颜六色的?

2. 在空中飞动的肥皂泡，为什么总是先上升后下降?

> **提 示**
>
> 1. 肥皂泡的颜色呈现出五颜六色，这是光的干涉造成的。
>
> 2. 在空中飞动的肥皂泡，其运动是由它的受力情况决定的。环境温度的变化决定了肥皂泡体积的变化，肥皂泡体积的变化又导致肥皂泡受到的空气浮力的变化。

光学篇

32 怎样显示物体的微小形变

桌面受到挤压、钢丝发生拉伸、扭转都要产生微小形变，这种形变有时是很难直接用肉眼观察到的。要观察物体的微小形变，必须设计一些放大装置，将物体的微小形变进行放大并显示出来，这样才便于观察。我们可以设计怎样的装置来显示物体的微小形变呢？

知识平台

以下知识与这一探究活动有关，需要认真理解和运用。

光的反射定律：光从一种介质射到另一种介质的界面上再返回原介质的现象称为光的反射。光的反射现象遵守反射定律：反射线总是在入射线和法线决定的平面内；反射光线、入射光线分居在法线的两侧；反射角等于入射角。

趣味探究

器材准备

玩具激光笔，小平面镜（带底座），光屏，支架。

实验探究

1. 将带底座的小平面镜放在被测桌面的上方，将玩具激光笔固定在支架上，将支架放在另一桌面上。

2. 将激光笔的光束射向平面镜，并用光屏接收反射光。然后用力挤压平面镜前的桌面，如图 1 所示，观察此时反射光射在光屏上的光点位置有无变化。设镜面转过θ角，则反射光转过多大角度？（一级放大）

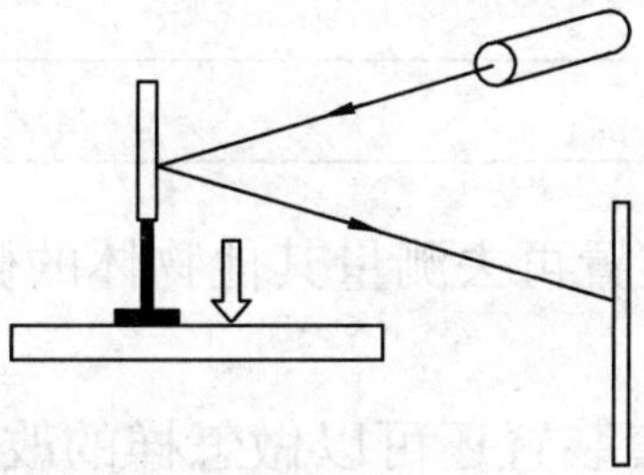

图 1

3. 将光屏到平面镜的距离增大，如图 2 所示，重新用力挤压桌面，观察光屏上光点的移动距离有无变化。设光屏到平面镜的距离增大为原来的 10 倍，则光点在光屏上移动的距离是原来的几倍？（二级放大）

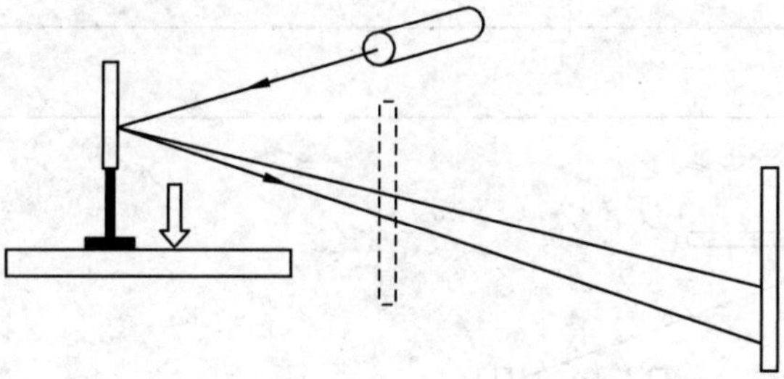

图 2

4. 将与反射光垂直（或接近垂直）放置的光屏改为与反射光成 45° 角，重新用力挤压桌面，观察光屏上光点的移动距离有无变化。把光屏与反射光的夹角继续减小到 30° 、10° 、接近 0° ，如图 3 所示，情况又如何？（三级放大）

5. 画出原理图，说明“三级放大”过程是如何一级一级地实现放大的。

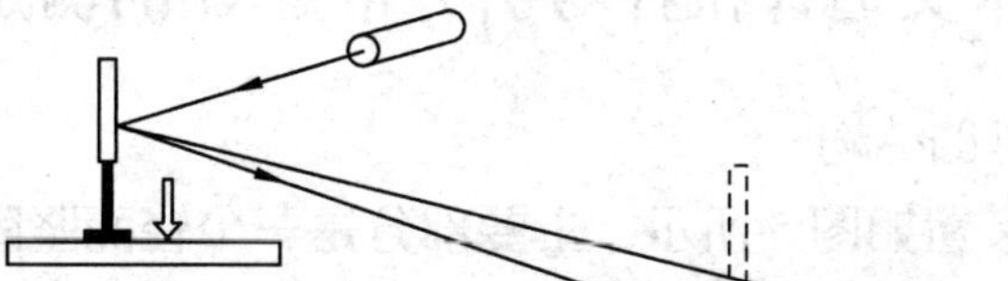

图 3

“三级放大”原理图

6. 用你制作的这套装置再去测量其他物体的微小形变。看看效果如何？还遇到哪些困难？

7. 与大家讨论，这套装置还可以做怎样的改进，以便使测量的灵敏度更高？说出你的改进方案，并具体试一试。

改进方案

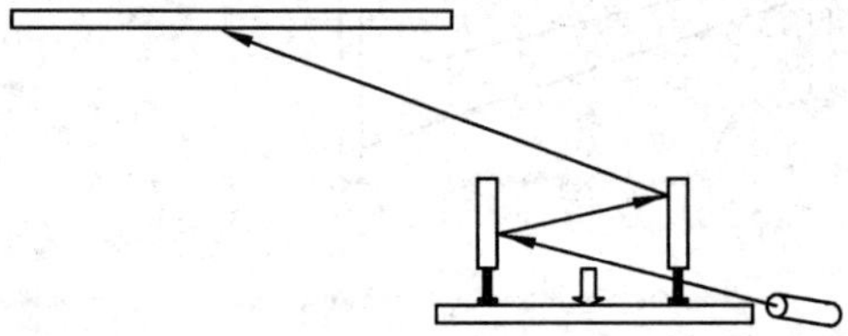

图 4

提示

可以增加一面平面镜，如图 4 所示。

超级链接

卡文迪许扭秤与引力常量 G 的测定

1. 卡文迪许扭秤的结构

卡文迪许扭秤装置如图 5 所示，主要部分是一个轻而坚固的 T 形架，倒挂在一根金属丝的下端，T 形架水平部分的两端各装一个质量是 m 的小球，T 形架竖直部分装一面小平面镜 M，它能把射来的光线反射到刻度尺上，这样就能比较精确地测量金属丝的扭转。

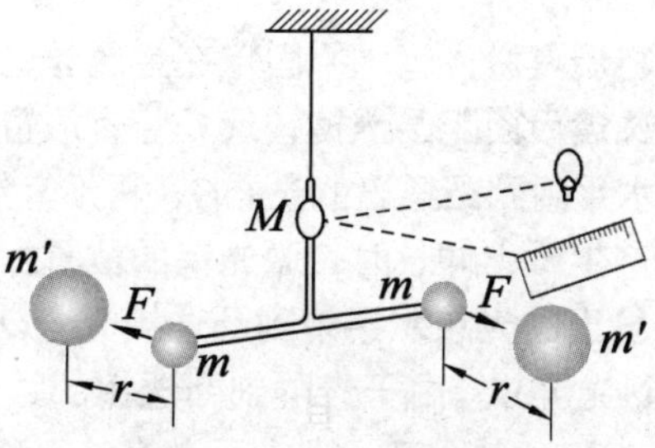

图 5　卡文迪许扭秤

2. 扭秤实验的原理：两次放大及等效的思想

扭秤装置把微小力转变成力矩来反映（一次放大），扭转角度通过光标的移动来反映（二次放大），从而确定物体间的万有引力。

T 形架在两端质量为 m 的两个小球受到质量为 m' 的两大球的引力作用下发生扭转，引力的力矩为 FL。同时，金属丝发生扭转而产生一个相反的力矩 $k\theta$，当这两个力的力矩相等时，T 形架处于平衡状态，此时，金属丝扭转的角度 θ 可根据小镜上的反射光在刻度尺上移动的距离求出，由平衡方程 $k\theta = FL$ 和万有引力定律的公式可得：

$$G=\frac{Fr^2}{mm'}=\frac{k\theta r^2}{mm'L}$$

上式中，L 为两小球的距离，k 为扭转系数，r 为小球与大球的距离。

3. 引力常量的测定及其意义

卡文迪许利用扭秤测得的引力常量 $G=6.71\times10^{-11}\ \mathrm{Nm^2/kg^2}$，与标准值 $6.67\times10^{-11}\ \mathrm{Nm^2/kg^2}$ 非常接近。测定引力常量的意义表现在：

（1）证明了万有引力存在的普遍性。

（2）使得万有引力定律有了真正的实用价值，可测定远离地球的天体的质量、密度等。

（3）扭秤实验巧妙地利用等效法合理地将微小量进行放大，开创了测量弱力的新时代。

兴趣拓展

怎样观测金属丝受到拉力后的微小伸长

怎样观测金属丝受到拉力后的微小伸长？请你设计一个装置，画出原理图，与同学讨论该装置的可行性。再实际做一做，具体测一测。

【参考方案】

以下方案可供参考：将玩具激光笔水平固定在金属丝上，激光笔的正前方放置一面焦距较小的凸透镜，凸透镜后面距凸透镜较远处竖直放置一光屏。调节凸透镜的位置，使激光笔发出的光束水平射到凸透镜的光心O，再沿直线水平射向光屏。

当金属丝受到拉力后产生微小伸长时，激光笔的位置发生微小下移。由于凸透镜的位置固定不变，激光笔发出的光束水平射到凸透镜光心O的下方，经凸透镜偏折后射向凸透镜的焦点F，再到光屏M。由于光屏到凸透镜的距离OM远远大于凸透镜的焦距OF，所以，光屏上光点移动的距离远远大于激光笔下移的距离，如图6所示。

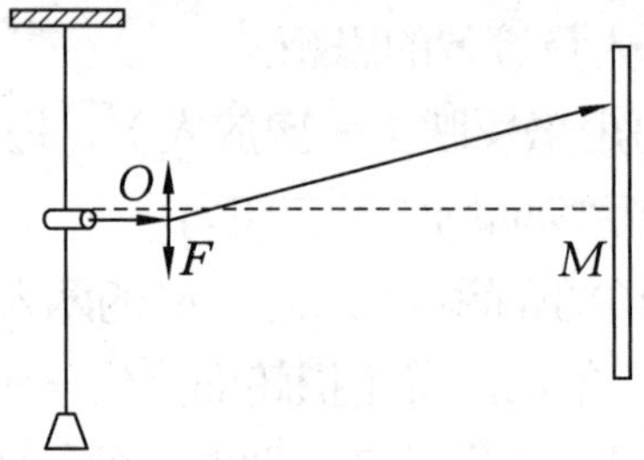

图 6

33 人造“海市蜃楼”

“海市蜃楼”是一种十分壮观和神奇的自然现象。遗憾的是，这种罕见的自然现象不是每个人都有机会亲眼目睹的。下面我们就用人工的方法来制造一次模拟的“海市蜃楼”。

知识平台

以下知识与这一探究活动有关，需要认真理解和运用。

“海市蜃楼”是怎样形成的

进入春季或者夏季，海水温度和陆地温度相差较大，在海风和海流的直接影响下，海面空气经常出现下冷上暖的现象，低层空气密度大，高层空气密度小。如果此时太阳光从海洋远处物体上反射出来，穿过密度不同的空气时，就要发生折射，当光线从上前方斜着映入人们的眼睛时，人们就会看到远方出现的物体幻影。蜃景并非海上独有，在沙漠、江河湖泊、山地丘陵等地都可能出现。

趣味探究

器材准备

食盐，水，细棒，漏斗，细管，较大的容器，透明的玻璃（或塑料）水槽（约 15～20cm 高，40～50cm 长），一块大于水槽长度的蓝色不透明弹性塑料板，小房子或小汽车模型。

实验探究

1. 制造“海面”

将水槽放在一个比水槽底部略小的不透光的平台（如一只木箱）上。在水槽底部放上一块蓝色塑料板，使其略为上凸，这就是我们制作的大海“海面”，如图 1 所示。然后在左端放一个小房子或小汽车模型。

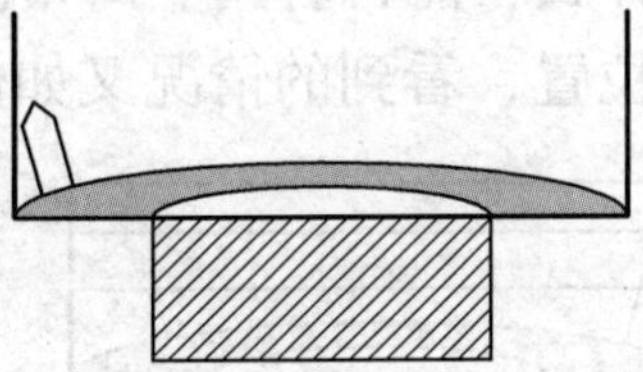

图 1

2. 制造“海面”上方的“空气”

在两个较大的容器中调制好足够的饱和食盐水和未饱和食盐水（在饱和食盐水中加入等量的水即可）备用。

首先在水槽中倒入约 5cm 高的清水。然后准备一根细管，将细管的上端与漏斗相连，下端插至水槽的底部，缓慢地将未饱和盐水倒入漏斗，使其流到水槽底部清水的下方。为加快速度，可以由几个同学配合，用几套漏斗和细管从不同位置同时向水槽的底部注水，如图 2 所示。注入的未饱和食盐水约 5cm 深即可。最后，用同样的方法往水槽底部注入约 5cm 深的饱和食盐水。这样，水槽中的盐水密度从下往上逐渐减小，海面上方的“空气”就模拟出来了。

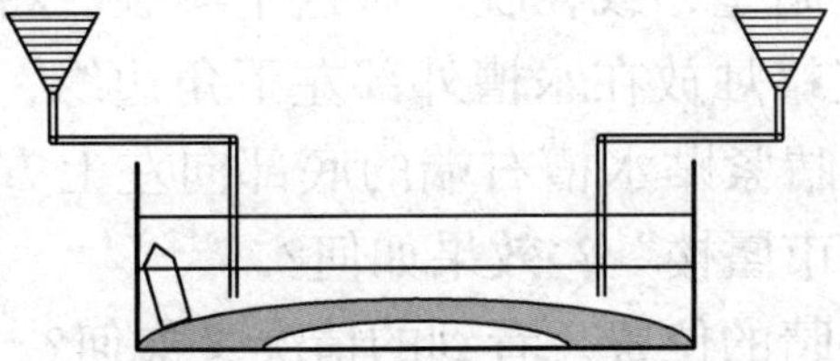

图 2

● 讨论与交流：能否用别的方法来制造“海面”上方的“空气”？

提 示

比如，先在水槽底部放适量的食盐，再缓慢地往水槽中加入清水，利用食盐的溶解和扩散可以实现吗？这种方法与其他方法比较，优劣如何？

讨论与交流

____

____

____

____

3. 观看“海市蜃楼”

观察者站在水槽右端，将眼睛紧贴水槽右端的底部向左上方观察，如图 3 所示。这时你发现了什么？能否看到“海市蜃楼”？

上下左右移动眼睛的位置，看到的情况又如何？

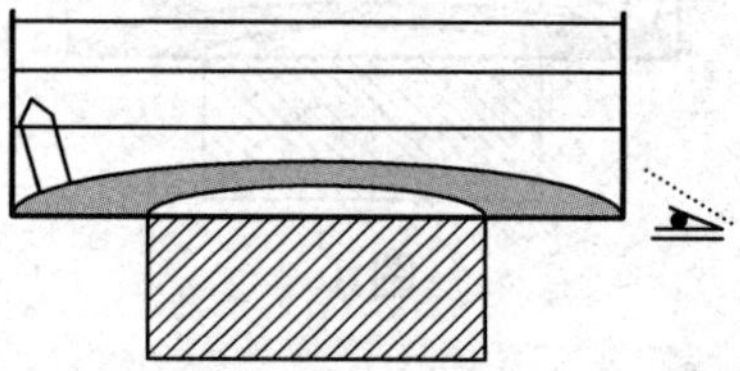

图 3

将你观察到的结果记录下来。

观察记录

____

____

____

4. 在暗室中观看“海市蜃楼”

把实验室布置成暗室，或在晚上做这个实验。将水中的小房子模型轻轻地拿出来，点一支蜡烛放在水槽外部左下角边缘，代替房子模型，如图 4 所示，观察者将眼睛紧贴水槽右端的底部向左上方观察，这时你发现了什么？能否看到“海市蜃楼”？效果如何？

上下左右移动眼睛的位置，看到的情况又如何？

上下左右调整蜡烛的位置，看到的情况又如何？

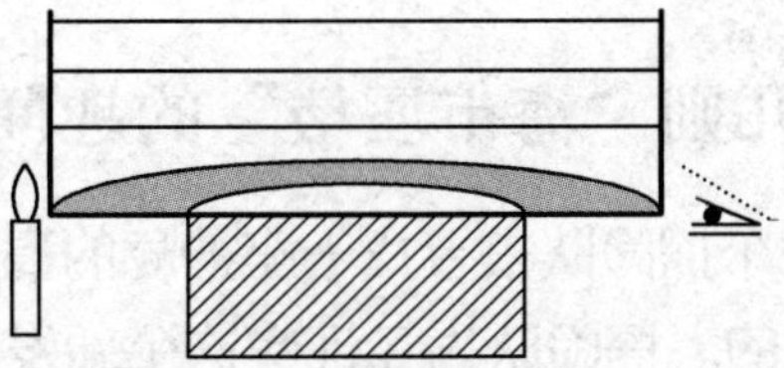

图 4

将你观察到的结果记录下来。

观察记录

4. 对上述实验现象，应该怎样做出解释？与同学互相讨论。

我的解释

5. 自行设计“海市蜃楼”实验

了解了“海市蜃楼”现象的物理原理及其出现“海市蜃楼”的条件之后，我们可以自行设计“海市蜃楼”实验，请写出你的设计方案，与同学进行交流，然后实际做一做。

我的设计

超级链接

几则“海市蜃楼”的趣闻

据报道，1913 年有一个探险队去寻找一座神秘的高地。这个高地是探险队中的一个成员在几天前发现的。探险队为了证实这个新发现，乘船驶过冰山海域，然后登上冰川，步行前进，直到探险队看到那个被称之为是新发现的高地时，景象慢慢改变了。最后，随着地球和太阳转动，探险队面前的景观消失得一干二净。高地化为乌有，留下的只是广阔无垠的冰山海洋。事后，探险队认识到，他们上了自然界的当，“海市蜃楼”骗了他们。

1798 年，拿破仑的军队在埃及沙漠中行进，茫茫沙漠中突然出现迷乱的景象，一会儿出现一个大湖，顷刻间又消失了。一会又是一片棕榈树林，转眼间又变成荒草的叶子。士兵们被弄糊涂了，以为世界末日来临。

第一次世界大战时，在一次沙漠会战中，一队炮兵正在射击，突然间，射击目标变成了一座“海市蜃楼”，指挥官被眼前发生的一切弄得莫名其妙，不得不停止炮击。另一次，一位德国潜艇艇长通过潜望镜看到了美国的纽约市，他以为自己指挥的潜艇跑错航线了，赶紧下令撤退。其实，这位艇长也是受了“蜃景”的欺骗。

兴趣拓展

“海市蜃楼”实验的创新

尝试用大小、形状不同的水槽，不同种类、不同密度的液体去做人造“海市蜃楼”实验，看看能否成功？效果如何？

34 有趣的全反射现象

光从水中射向空气时，有时竟会射不出去，而全部被反射回来，这可能吗？事实就是这样。这是在光学中一种很重要的现象——全反射。不仅光能产生全反射，无线电波也能产生全反射。下面我们一起做几个有趣的实验，来认识全反射现象，以及全反射的一些规律。

知识平台

以下知识与这一探究活动有关，需要认真理解和运用。

光的折射定律：折射光线跟入射光线和法线在同一平面内，折射光线与入射光线分居在法线两侧，折射角的正弦跟入射角的正弦成正比。

折射率：光从真空射入另一种介质时，入射角的正弦跟折射角的正弦之比为一常数n。这个常数n跟介质有关系，是一个反映介质的光学性质的物理量，叫作介质的折射率。

$$n=\frac{\sin i}{\sin r}=\frac{c}{v}$$

任何介质折射率都大于1。

全反射：当光线从光密介质到光疏介质的界面时，如果入射角增大到一定程度，折射光线就会完全消失，只产生反射，这种现象叫作全反射。

临界角：折射角变为90°时的入射角，叫作临界角。$\text{Sin}C=\frac{1}{n}=\frac{v}{c}$

产生全反射条件：光从光密介质射向光疏介质，且入射角大于临界角。

趣味探究

器材准备

玻璃容器，透明矿泉水塑料瓶，水，玩具激光笔，玩具塑料丝花（一束塑料丝，一端绑在一起并插在手电筒的灯头前端，另一端自由散开），电视机，遥控器。

实验探究

一、光线从空气射入水中时的规律

在玻璃容器中装上水，让激光笔发出的一束光从空气射入水中，如图1所示，不断改变入射角的大小，看看射入水中的光线的位置如何变化？从中你发现了什么规律？将你的发现与大家交流。

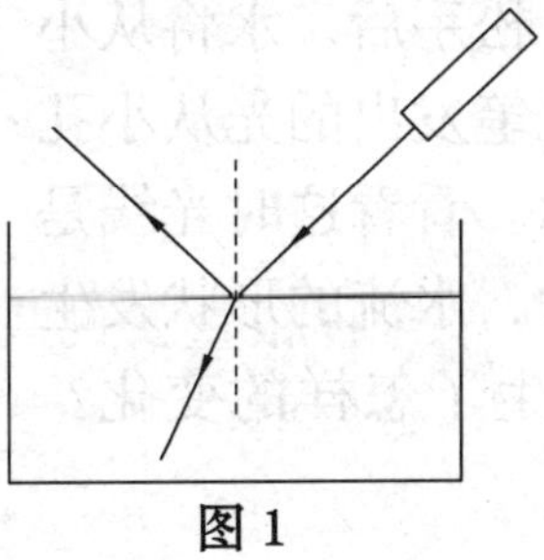

图1

提示

激光笔发出的光束不可对着人眼照射。

我的发现

二、光线从水射向空气中时的规律

将盛水的玻璃容器架空，让激光笔紧靠容器的底部，使光束透过容器底部进入水中，射向水和空气的分界面，如图 2 所示，逐渐增大入射角，看看射入空气中的光线的位置、亮度等如何变化？从中你发现了什么规律？将你的发现与大家交流。

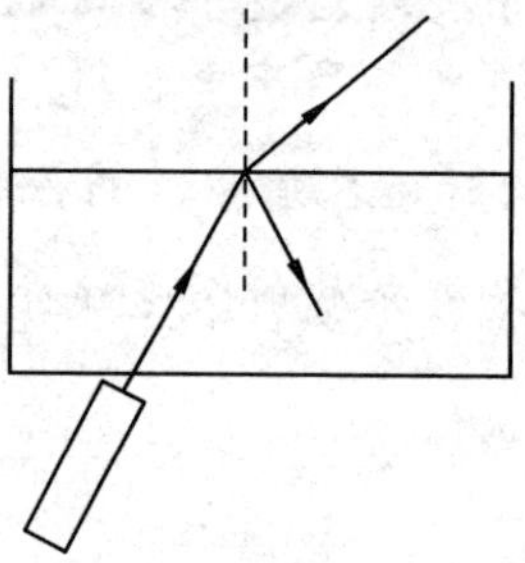

图 2

我的发现

三、光线在水流中会转弯

在矿泉水塑料瓶靠近底部的侧面开一个孔（孔的横截面积略大于激光束的横截面积），先用手堵住小孔，然后在瓶中盛满水，并将瓶子放在一个稍高的台子上，下面放一个容器准备接水。松手后，水将从小孔中射出，形成一束水流。用激光笔发出的光从小孔对面处水平射向小孔，如图 3 所示。看看这时光线是怎么传播的。随着瓶中水量的减少，水流的形状发生了怎样的变化？光的传播情况发生了怎样的变化？怎样解释发生的现象？

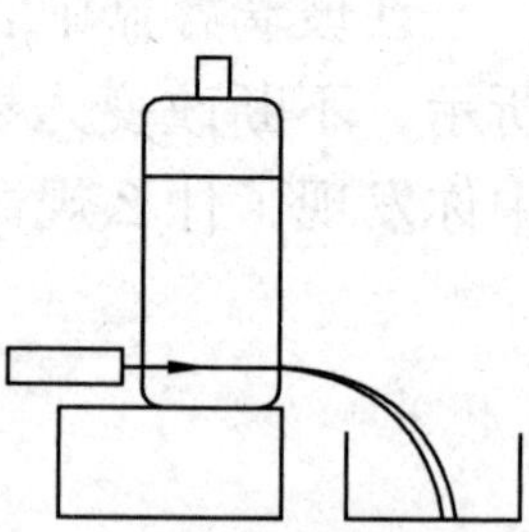

图 3

我的解释

四、光线在塑料丝中会转弯

有一种玩具塑料丝花，它是由一束塑料丝和一只手电筒组成。这束塑料丝的下端绑在一起并插在手电筒的灯泡前端，上端则自由散开，形成花一样的形状，看上去很漂亮，如图 4 所示。然而，这束花真正让人惊叹的是到了晚上，当你打开下面的手电筒开关，使光束射向塑料丝束的底部，这时你看到什么现象？光是怎样传播的？改变塑料丝的弯曲程度，光的传播情况有什么变化？怎样解释发生的现象？

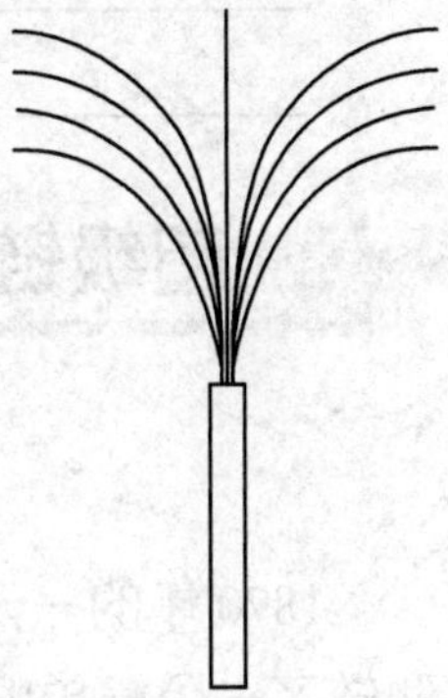

图 4

我的解释

用激光笔代替手电筒，看看效果如何。

五、电视遥控信号也会转弯吗

准备一台电视机和一只电视遥控器。首先打开电视机电源，再用电视遥控器对着电视机发射信号，电视机就会实现开机、选择频道、调节音量、关机等操作。如果将遥控器对着天花板发射信号，电视机还会有反应吗？试试看。

现在如图 5 所示，将塑料丝花束的塑料丝取下，抓在手中，形成紧密的一束，再弯曲 90° ，使其一端水平对准电视机的遥控信号接收窗口，另一端竖直向下，再将遥控器竖直向上对着塑

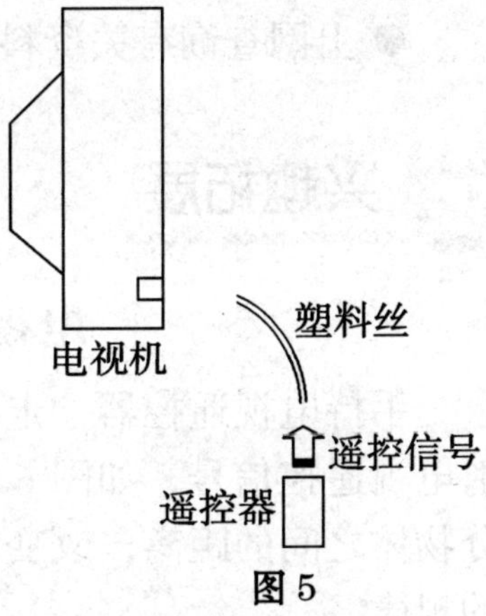

图 5

料丝竖直向下的一端。操纵遥控器发射信号，电视机有什么反应？

改变遥控器到电视机的距离，看看情况有什么变化？

怎样解释上述现象？

我的解释

____

____

____

超级链接

光导纤维与光纤通信

1870 年的一天，英国物理学家丁达尔在皇家学会的演讲厅讲光的全反射原理，他做了一个简单的实验：在装满水的木桶侧面钻了一个小孔，然后用灯从桶上边把水照亮。实验结果使观众大吃一惊。光线居然随着弯曲的水流从水桶的小孔里射了出来，光线像水流一样，竟然也弯曲了。

丁达尔经过研究发现，这是全反射的作用。在弯曲的水流里，光仍沿直线传播，只不过在内表面上发生了多次全反射，光线经过多次全反射向前传播。

后来人们利用全反射规律研制出了用来传输光的光导纤维，并利用光导纤维进行通信，叫作光纤通信。光纤通信有很多优点，例如，一对金属电话线只能同时传送一千多路电话，而一对丝线大小的光导纤维可以同时通一百亿路电话；铺设 1 000 千米的同轴电缆大约需要 500 吨铜，改用光纤通信只需几千克石英就可以了。光纤通信正在成为通讯领域的生力军。

● 上网查询有关资料，了解光纤通信的应用前景。

兴趣拓展

电视遥控信号的反射与折射

手持电视遥控器，走到放置电视机房间的隔壁一间房间，通过书本反射电视遥控信号，如图 6 所示，看看能否实现对电视机的遥控。改变各部分物体之间的距离，改变反射面的材料，看看效果如何？你可以发现怎样的规律？

手持电视遥控器，走到放置电视机房间的隔壁一间房间，将遥控器发出的信号射向一面三棱镜，经折射后射向电视机，如图 7 所示，看看能否实现对电视机的遥控。改变各部分物体之间的距离，看看效果如何？你可以发现怎样的规律？

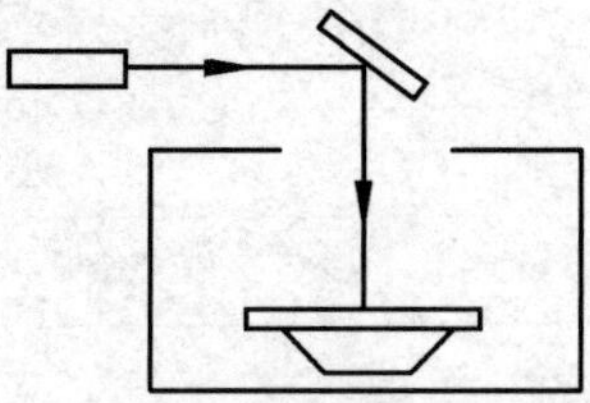

图 6

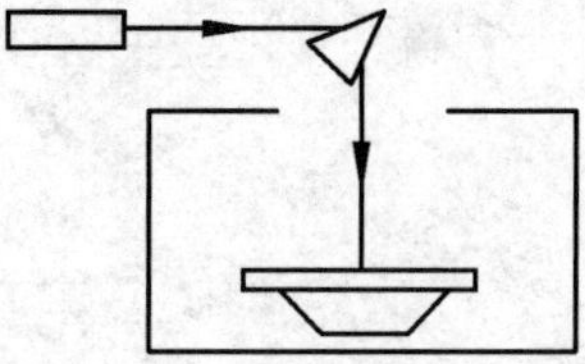

图 7

用玩具激光笔做光学实验

玩具激光笔发出的红色光束光线集中，亮度大，射程远，是一件做光学实验的难得的好器材。下面我们就用玩具激光笔再做几个光学实验。

1. 双缝干涉

两列振动情况相同的光波相遇时，会产生干涉现象，在屏幕上出现干涉图样。找一块背面镀有水银反射面的镜子，在镜子的背面上用刀片划出两条靠得很近的细缝，将激光束照在细缝上，这时，在细缝后面的屏幕上，你看到了什么图形？改变双缝之间的距离，以及光源到双缝的距离，情况如何变化？

2. 圆孔衍射

光线通过障碍物时会发生弯曲，绕到障碍物的后面，特别是当障碍物的尺寸与光波波长接近或小于光波波长时，这种现象更为明显，屏幕上会出现衍射图样。找一块薄的铝皮(可从易拉罐中取材)，用针尖钻一个小圆孔，用激光笔对准圆孔照射，这时，在圆孔后面的屏幕上，你看到了什么图形？改变圆孔的大小以及光源到圆孔的距离，情况如何变化？

3. 圆屏衍射

在透明玻璃板上，用钢笔尖在上面点出几个黑色墨汁的小圆点，圆点面积要尽可能小一些。用激光笔对准小圆点照射，这时，在圆点后面的屏幕上可以看到什么图样？改变墨汁的大小以及光源到圆点的距离，图样会怎么变化？

4. 单缝衍射

在镀有水银的镜子背面，用刀片划一条细缝，用激光笔对准细缝照射，这时，在细缝后面的屏幕上可以看到什么图样？改变细缝的宽度以及光源到细缝的距离，图样会怎么变化？

5. 反射光栅

找一块废弃的CD光盘，将其立在水平桌面上，使激光束射向刻录信息的一面，经光盘反射后，你在屏幕上看到了什么图形？改变入射光束的方向，情况如何变化？

35　躲在暗箱里看照相机成像

照相机是怎样在胶片上成像的？一般情况下我们无法看到。因为照相机的胶片是放在暗箱里面的。如果把暗箱做得大一些，人能够躲在暗箱中观察照相机的成像过程，那就太有意思了。下面我们就来制作一台特大的照相机——把教室做成照相机的暗箱，看看在暗箱里照相机是怎样在胶片上成像的。

知识平台

以下知识与这一探究活动有关，需要认真理解和运用。

照相机怎样拍出照片

对于普通的光学相机而言，当被拍照的物体到镜头的距离大于两倍焦距时，来自物体的光经过照相机镜头后会聚在胶片上，在胶片上得到倒立、缩小的实像。胶片上涂有感光物质，它在曝光后发生化学变化，物体的像就被记录在胶片上，经过显影、定影后成为底片，再用底片洗印，就可以得到照片。

趣味探究

器材准备

黑色不透光的窗帘，胶带，白色大屏幕及支架，穿有小孔或刻有狭缝的厚纸板，各种规格的凸透镜、老花眼镜。

实验探究

一、研究针孔照相机成像的规律

1. 将整个教室的门窗用黑色不透光的窗帘布遮挡好，并在漏光处用胶带贴上，使整个教室成为一间暗室。

2. 选择一扇窗户。在窗户的两个窗帘之间拉开一小块空间，装上开有小孔的厚纸板，使室外的光线能够从小孔中射入教室。

3. 将白色大屏幕放在小孔后面约 1m 处。

至此，就做成了一台包含有暗室、小孔、光屏的特大的针孔照相机，如图 1 所示。

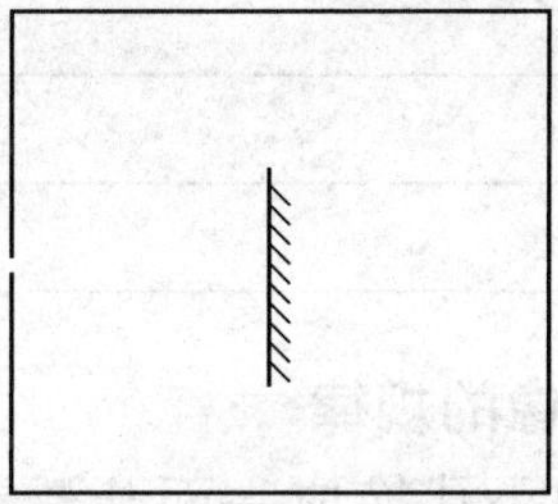

图 1

4. 走到屏幕的前面，这时候你在屏幕上看到了什么？观察屏幕上所成像的情况，是正立还是倒立？放大还是缩小？彩色的还是黑白的？还有什么其他特征？

实验记录：______________________________。

5. 改变屏幕到小孔的距离，看看成像情况有什么变化？

实验记录：______________________________。

6. 改变小孔的大小，看看成像情况有什么变化？

实验记录：______________________________。

7. 将小孔改成水平狭缝，看看成像情况有什么变化？

实验记录：______________________________。

8. 在水平狭缝的背后约 5cm 处再放一块刻有竖直狭缝的厚纸板，看看成像情况有什么变化？斜放呢？

实验记录：______________________________。

9. 让一位同学到教室外面去，距窗口约 1m 处从小孔前走过，看看屏幕中的像是怎样运动的。

实验记录：______________________________。

10. 与大家讨论交流，解释产生上述现象的原因。

我的解释

____

____

____

11. 利用这一特大针孔照相机再做一些你想做的其他探究，并将你的设计和发现的规律与大家交流。

我的解释

____

____

____

二、研究光学照相机成像的规律

1. 将上述针孔照相机的小孔换成一面凸透镜，就做成一台特大的光学照相机。

2. 走到屏幕的前面，这时候你在屏幕上看到了什么？观察屏幕上所成像的情况，是正立还是倒立？放大还是缩小？彩色的还是黑白的？还有什么其他特征？

实验记录：____。

3. 改变屏幕到凸透镜的距离，看看成像情况有什么变化？

实验记录：____。

4. 换用不同焦距的凸透镜以及老花镜（焦距较大），看看成像情况有什么变化？

实验记录：____。

5. 让一位同学到教室外站在透镜前，看看屏幕要移到什么位置才能在屏幕上看到这位同学比较清晰的像。

实验记录：____。

6. 改变人和透镜之间的距离，又需要怎样移动屏幕才能在屏幕上看到这位同学比较清晰的像？所成像的性质是怎样的？

实验记录：____。

7. 让教室外面的这位同学从透镜前走过，看看屏幕中的像是怎样运动的。

实验记录：____。

8. 与大家讨论一下，凸透镜成像有哪些规律。

凸透镜成像的规律

____

____

____

9. 利用这一特大的光学照相机再做一些你想做的其他探究，并将你的设计和发现的规律与大家交流。

提 示

例如，把透镜用黑布挡住一部分，看成像情况发生了怎样的变化，并对现象做出解释。

我的解释

____

____

____

超级链接

滑稽的照片

在前苏联著名科普作家别莱利曼编著的《趣味物理学》一书中，有一节名为《滑稽的照片》，对用狭缝制作的照相机成像情况及其原理进行了论述，下面我们来欣赏其中的片段，并谈谈你的看法。

许多人一定还不知道，照相机即使没有放大玻璃（镜头），也可以用它那小圆孔拍得出照片来，不过拍出的照片当然没有那么清晰罢了。这种“没有镜头的镜箱”里，有一种“狭缝”镜箱，是用两条狭缝代替小圆孔的，这种镜箱会使你看到极有趣的变形。这种镜箱的前面有两块板，一块板上开一条竖直的狭缝，另一块板上开一条水平的狭缝。假如把这两块板紧贴在一起，那么所得到的像就跟小孔镜箱一样，可以得到正常的没有歪曲的像。但是，假如把两块板离开一些（这两块板装成可以活动的），那么所得到的像就会给歪曲成离奇的形状（图1和图2）。你所看到的可以说不是照片，而是滑稽画。

图 1

图 2

这种歪曲要怎样解释呢？当两块狭缝板的位置像图 3 所示的情形时，对于物体的竖直线，仿佛只有前面一条缝 C，而对于物体的水平线，仿佛只有后面的一条缝 B。因为前面那块板比后面那块板离毛玻璃远，所以物体在毛玻璃上的像在竖直方向上应该比水平方向上放得更大，就是物体的像仿佛沿竖直方向拉长了一般（如图 2 所示）。

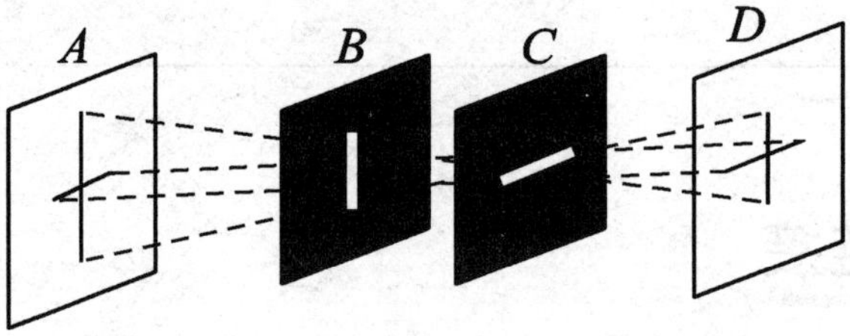

图 3

如果两个狭缝的位置跟图 3 相反，所得到的像就会向横的方向伸长（如图 1 所示）。

自然，假如两条狭缝是斜放的，就会得到另外一种歪曲的情形。

兴趣拓展

自制大焦距凸透镜

在前面的实验中，非常需要一面大焦距的凸透镜，你能否想办法自制一个？与同学讨论一下怎样自制一面大焦距的凸透镜，再实际做一做。

36 用凸透镜测太阳的密度

测量太阳的密度，听起来就像天方夜谭，因为我们根本无法靠近它。但是，运用有关的物理知识，借助一面凸透镜和几件简单的器材，我们就可以将神话变成现实。

知识平台

以下知识与这一探究活动有关，需要认真理解和运用。

1. 根据万有引力定律和天体运动知识，地球绕太阳转动的向心力由太阳对地球的万有引力提供，即

$$\frac{GmM}{r^2}=\frac{4\pi^2rm}{T^2} \qquad ①$$

式中M为太阳质量，m为地球质量，T为地球绕太阳公转的周期，r为太阳与地球之间的距离，G为引力常量。

2. 根据凸透镜成像规律，有

$$\frac{1}{u}+\frac{1}{v}=\frac{1}{f} \qquad ②$$

式中u为物距，v为像距，f为焦距。当物距足够大时，像就成在焦点处，且满足关系（如图1所示）

$$\frac{D}{r}=\frac{d}{f} \qquad ③$$

式中D为物体的长度，d为像的长度。

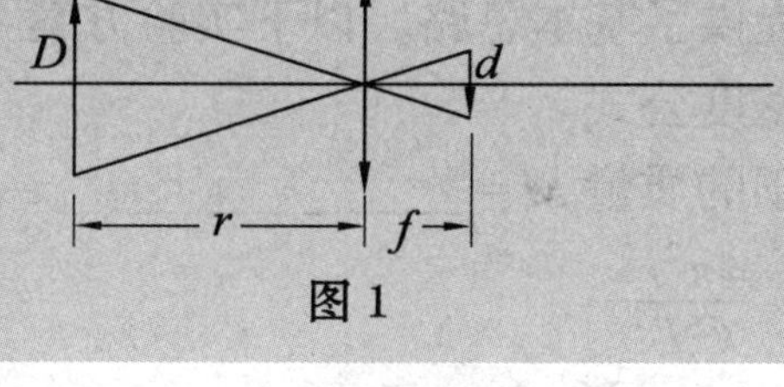

图1

趣味探究

器材准备

凸透镜，坐标纸，直尺。

实验探究

1. 思考并确定运用凸透镜成像规律和行星运动规律测量太阳密度的实验方案。

我的设计

______

______

______

2. 讨论运用凸透镜成像规律和行星运动规律制定的测量太阳密度实验方案的可行性。对实验方案进行修改，使其进一步完善。

我的修改

______

______

______

3. 根据实验方案进行实验，测取相关数据，得出实验结果。

实验数据与实验结果

______

______

______

实验参考方案：

“知识平台”中列出的知识点为我们运用凸透镜成像规律和行星运动规律测量太阳密度提供了基本思路。以下实验方案可供参考。

1. 推导太阳的密度公式。

由①式得：太阳的质量 $M=$______。

参考答案：$M=\dfrac{4\pi^2r^3}{GT^2}$

则太阳的密度 $\rho=\dfrac{M}{\left(\dfrac{\pi D^3}{6}\right)}=$______。

参考答案：$\rho=\dfrac{24\pi r^3}{GT^2D^3}$

将③式代入上式，消去 D/r，得：$\rho=$______。

参考答案：$\rho=\dfrac{24\pi f^3}{GT^2d^3}$

可见，要求太阳的密度，只要测出凸透镜的焦距 f 和太阳经凸透镜所成像的直径 d 即可。

2. 测量太阳经凸透镜成像时的直径 d 与凸透镜的焦距 f。

选择一面凸透镜，将凸透镜与太阳光垂直放置，凸透镜后面放置一张坐标纸。

上下移动凸透镜，直到太阳经凸透镜在坐标纸上成像最清晰为止。测出像的长度 d 与像距 f。

如果所成像太小，不便测量，想想看，应换一面怎样的凸透镜？实际做一做，并测出 d 与 f。

3. 根据步骤 1 中导出的太阳密度公式 $\rho=\dfrac{24\pi f^3}{GT^2d^3}$，求出太阳的平均密度。

计算结果：太阳的平均密度 $\rho=$ ____________________。

4. 查表找出太阳的质量 M 和直径 D，由公式 $\rho=\dfrac{M}{\left(\dfrac{\pi D^3}{6}\right)}$ 求出太阳的平均密度，将它与你测出的太阳密度进行比较，看看它们相差多少，并分析误差产生的原因。

计算结果：太阳的平均密度 $\rho=$ ____________________。

误差分析

____

____

____

超级链接

太阳知多少

太阳是距离地球最近的恒星，是太阳系的中心天体。太阳系质量的 99.87% 都集中在太阳。太阳系中的其他行星都围绕着太阳运行。

太阳从中心向外可分为核反应区、辐射区、对流层和大气层。由于太阳外层气体的透明度极差，人类能够直接观测到的是太阳大气层，从内向外分为光球、色球和日冕 3 层。

在太阳中心进行着剧烈的热核反应，产生的能量以光的形式向外散发出去。地球只获得了太阳总辐射能量的二十二亿分之一。

太阳对人类而言至关重要，地球大气的循环、日夜与四季的轮替、地球冷暖的变化都是太阳作用的结果。地球上的绝大部分能源也直接或间接来自太阳。

太阳的有关数据	
到地球的平均距离	1.496×10^{8}km
直径	1.392×10^{8}km
体积	1.41×10^{27}m^{3}
质量	1.9891×10^{30}kg
密度	1.408×10^{30}kg/m^{3}
表面重力加速度	274m/s^{2}
表面温度	5 780k
中心温度	约 1.5×10^{7}k
绕银河系中心公转周期	2.2×10^{8} 年
太阳年龄	约 50 亿年

兴趣拓展

测太阳直径和太阳质量

如果知道太阳和地球之间的距离，还可以测出太阳直径和太阳质量，想想看，怎么测？实际做一做，并将测量值与查表得出的数值进行比较，看看误差有多大，并分析误差产生的原因。

37　奇妙的“彩色”影子

我们常见的影子通常是黑色的（本影）或灰色的（半影），你想过其中的道理吗？其实很简单，因为通常情况下的照射光是白光（如太阳、日光灯、白炽灯发出的光）。如果同时用几种不同的单色光照射物体，就会出现奇妙的“彩色影子”，“彩色影子”是怎么形成的呢？让我们一起进行探究吧！

知识平台

以下知识与这一探究活动有关，需要认真理解和运用。

影的形成

1. 点光源的影

点光源 S 发出的光，照到不透明的物体 AB 上，物体向光的表面被照明，在背光面的后方形成一个光线照不到的黑暗区域 $A'B'$，就是点光源照射物体形成的影。

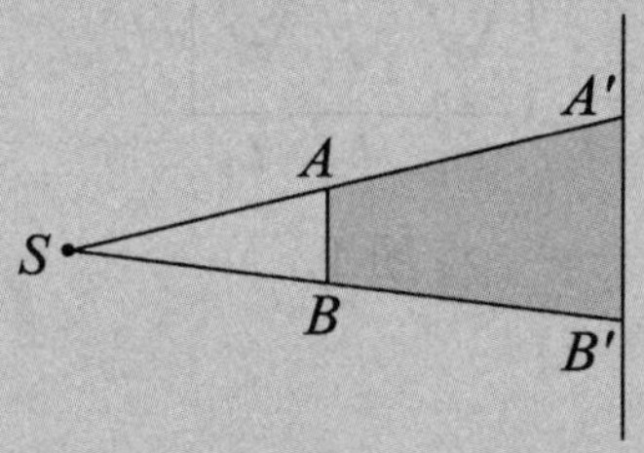

2. 面光源的影

完全不会受到光照射的范围是本影，本影周围能受到光源发出的一部分光照射的区域，是半影。光源的发光面积越大，本影区越小。

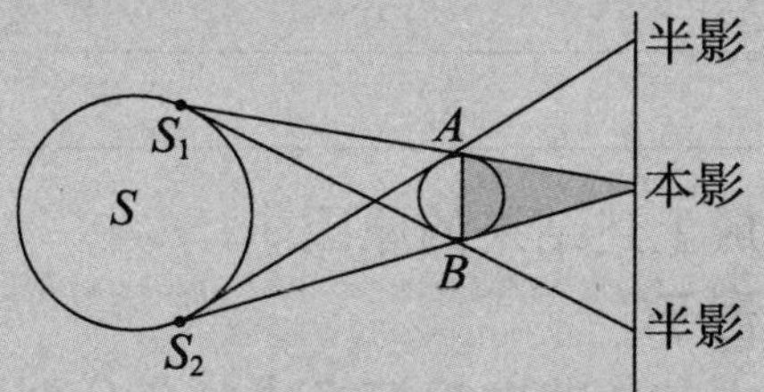

趣味探究

器材准备

各种彩色灯泡，灯座，反光罩，导线，变阻器。

实验探究

一、观察本影和半影

在暗室中距墙面约 3 米处的实验桌上并排放置 3 盏相同的白炽灯，并配上反光罩，各灯之间的间隔距离大约为 0.5 米，如图 1 所示。请一位同学沿着墙壁慢慢地来回走几趟，注意观察：

1. 只开一盏灯时，什么时候出现本影？什么时候出现半影？
2. 开两盏灯时，情况有什么不同？
3. 同时开三盏灯时，情况又有什么不同？
4. 改变灯的间距、灯与人的间距，重复上述实验，你又有什么发现？

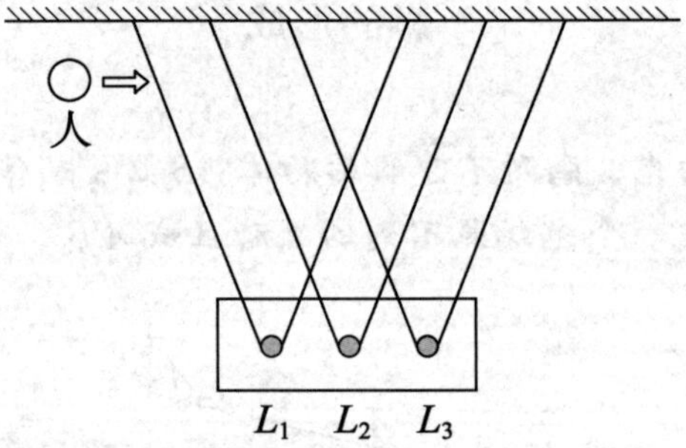

图 1

5. 记录你的实验结果。

实验结果

____

____

____

6. 与同学讨论造成上述结果的原因。

二、制造“彩色影子”

将上述实验装置中的 3 盏白炽灯换成颜色分别为红色、绿色和蓝色的 3 盏彩灯，并配上反光罩，各灯之间的距离大约为 0.5 米，如图 2 所示，请一位同学沿着墙壁慢慢地来回走几趟，注意观察：

1. 只开一盏灯时，影子是什么颜色？

2. 开两盏灯时，影子是什么颜色？

3. 同时开三盏灯时，影子又是什么颜色？在人走动过程中，影子的颜色是否在发生变化？

4. 改变灯之间的间距、灯与人的间距，换不同颜色的彩灯，重复上述实验，你又有什么发现？

5. 记录你的实验结果。

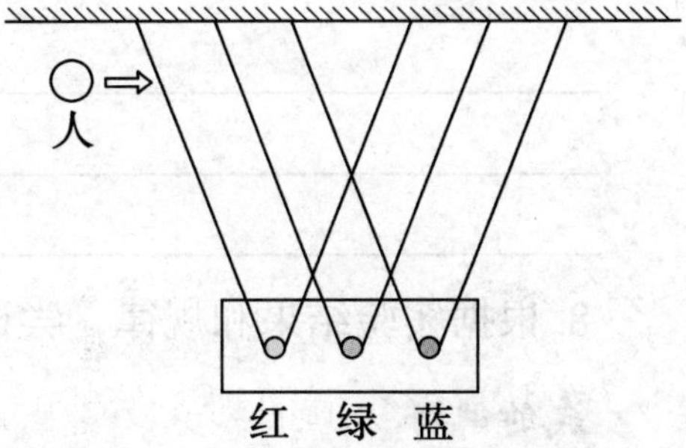

图 2

实验结果

____

____

____

6. 与同学讨论造成上述结果的原因。

三、探究色光合成的规律

要弄清“彩色影子”形成的原理，就要知道色光合成的规律。我们用几盏彩灯进行以下实验：

1. 将红光和绿光射向同一区域，看到的是什么颜色？

实验记录：______________________________。

2. 将红光和蓝光射向同一区域，看到的是什么颜色？

实验记录：______________________________。

3. 将绿光和蓝光射向同一区域，看到的是什么颜色？

实验记录：______________________________。

4. 将红光、绿光、蓝光同时射向同一区域，看到的是什么颜色？

实验记录：______________________________。

5. 改变灯的亮度，重复上述实验，看看结果怎样？

实验记录：______________________________。

6. 换用其他色光做上述实验，看看有什么结果？

实验记录：______________________________。

7. 通过以上实验结果，你能否发现色光合成的规律？

我的发现

8. 根据实验结果和规律，尝试对“彩色影子”做出解释。

我的解释

超级链接

三原色光的组合规律

研究表明，用红、绿、蓝三种色光可以组合出自然界中绝大多数的彩色光，所以，我们把红、绿、蓝三种色光称为光的“三原色”。三原色光的组合有如下规律：

两种色光等量混合时，

红+绿=黄

绿+蓝=青

红+蓝=品红

三原色按一定比例混合时，

红+绿+蓝=白

按以上规律将三原色光中的两种或三种按一定比例相加，得到其他不同颜色的方法，叫作加色法。

从上述规律中还可以看出，

黄+蓝=白

红+青=白

绿+品红=白

当两种色光按一定比例相加得到白光时，就称这两种颜色互为补色。

●你的实验结果与上述结论一致吗？如果不一致，看看问题出在哪里？

兴趣拓展

颜料混合：红＋绿＋蓝＝？

将红、绿、蓝三种色光加在一起，便得到了白色光，即：

红＋绿＋蓝＝白

如果将红、绿、蓝三种颜料混合在一起，你猜猜会是什么颜色？实际做一做。如果三者混合的结果为黑色，即：

红＋绿＋蓝＝黑

你是否感到出乎意料？这一现象如何解释？

法契纳圆盘之谜

据报道，一个名叫法契纳的外国人发现：一个涂有黑白两色的圆盘，在快速转动时竟然变成了很多彩色同心圆环，这个奇怪的现象令很多科学家无法解释。这就是著名的法契纳圆盘之谜。

下面我们来重现法契纳圆盘实验。

将一张白纸剪成圆形，半边涂成黑色，半边是白色，如图 3 所示，再用透明胶带将其贴在转盘上。将转盘转动起来，观察转盘上呈现的颜色。改变转盘的转速，观察转盘上呈现的颜色有无变化。

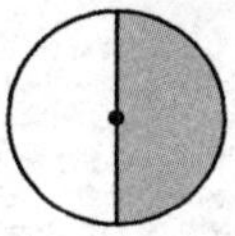

图 3

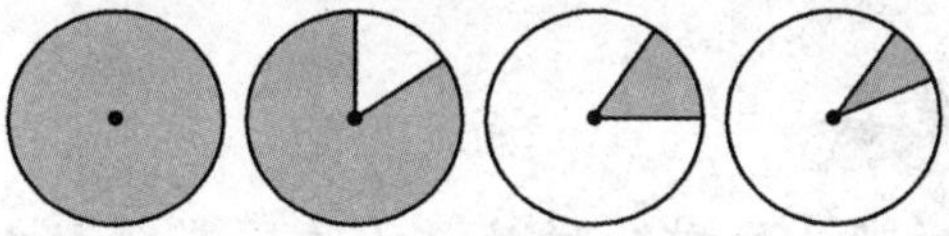

图 4

换几张白纸，改变白纸上黑白颜色所占的比例，如图 4 所示，重复以上实验，观察结果有什么不同。

再换几张白纸，用黑色笔在上面画出其他你想画的形状，如环形等，如图 5 所示，重复以上实验，观察结果有什么不同。

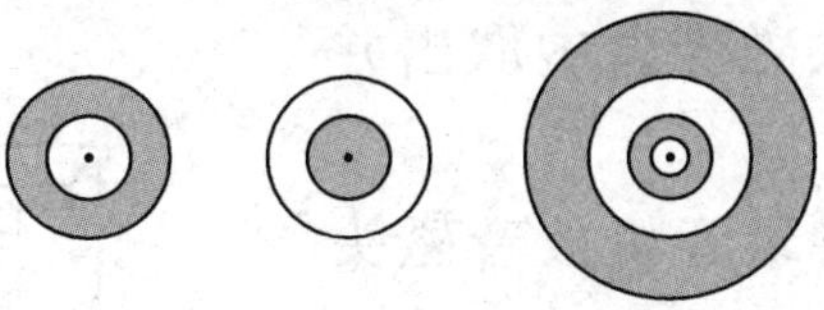

图 5

声学篇

38　用耳朵"听"物体运动的加速度

物体做加速直线运动，我们用眼睛可以看到物体运动得越来越快，速度越来越大。如果有人说，用耳朵也可以"听"物体的加速度，而且"听到的"更准确一些，你是否会觉得很奇妙？下面我们就一起动手动耳实践一下，看怎样用耳朵"听"物体的加速度。

趣味探究

器材准备

录音机，磁带，口哨，弹片，小车，带滑轮的平板，小桶，细砂，细线，导线，螺丝刀，剪刀钳子，电烙铁。

实验探究

1. 先准备一盒磁带，用录音机录下一小段口哨发出的固定音调的乐音。

2. 将该段磁带从磁带盒中取出并剪下来。

3. 如图 1 所示将录音机放音磁头从录音机中卸下，与弹片固定在一起，中间可让磁带穿过。磁头通过长导线与录音机相连。将小车放在水平木板

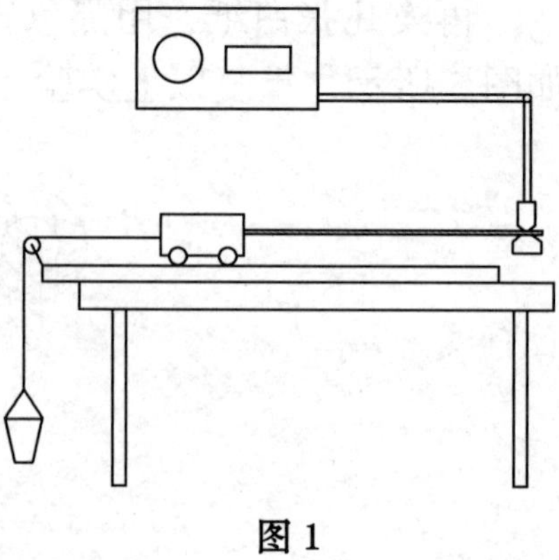

图 1

上，车尾连接磁带，并让磁带穿过放音磁头与弹片之间，使磁带有磁信号的一面与放音磁头接触良好，使录音机处于放音状态。将装有细沙的小桶用细绳与小车相连，并跨过定滑轮。

4. 调节沙桶中细沙的质量，释放小车，使小车恰好做匀速直线运动。在小车运动过程中，你看到了什么？听到了什么？

实验记录：____。

5. 增加沙桶中细沙的质量，释放小车，使小车做匀加速运动。在小车运动过程中，你看到了什么？听到了什么？

实验记录：____。

6. 继续增加沙桶中细沙的质量，使小车做匀加速运动的加速度增大，你听到的声音有什么变化？怎样从听到的声音变化确定小车的加速度在增大？"听到的"是不是比"看到的"更准确一些？

实验记录：____。

7. 减少沙桶中细沙的质量，使沙桶对小车的拉力小于木板对小车的摩擦力。给小车一个向前的初速度，使小车做匀减速运动。在小车运动过程中，你看到了什么？听到了什么？

实验记录：____。

8. 继续减少沙桶中细沙的质量，使小车做匀减速运动的加速度大小增大，你听到的声音有什么变化？怎样从听到的声音变化确定小车的加速度大小在增大？"听到的"是不是比"看到的"更准确一些？

实验记录：____。

9. 在小桶底部穿孔，使沙子不断向下漏出，这时释放小车，小车将做什么运动？在小车运动过程中，你听到了怎样的声音？"听到的"是不是比"看到的"更准确一些？

实验记录：____。

10. 通过上述实验，你发现了什么规律？

我的发现

____

____

____

11. 利用这些设备，请你再设计一个实验，用来证明用耳朵可以“听”物体的加速度。谈谈你的设计，并实际做一做。

我的设计

____

____

____

____

12. 讨论与交流：通过以上实验，你觉得还有哪些问题需要提出来与大家讨论和交流。

我要提问 （几个需要请教和希望与大家交流的问题）

____

____

____

____

超级链接

为什么“听到的”比“看到的”更准确

研究表明，人的听觉对音高的刺激灵敏度很高，它可以分辨原来频率的千分之三的差异。而在视觉长度的刺激中，训练有素的美术家也只能觉察原有长度六十分之一的变化，因此听觉对于音高的刺激相对于视觉对于长度的刺激，听觉要灵敏得多。

兴趣拓展

用牙齿“听”声音

用酒精对一只机械手表的外表面消毒后，用牙齿咬住手表，再用双手捂住双耳，这时你听到了怎样的声音？声音是怎样传递到你的耳中的？它与直接通过耳朵听到的声音有什么不同？

39　探究不同材料的隔音性能

为防止噪音干扰，在生产和生活中，经常要用到隔音材料。不同的材料隔音效果是不同的。那么，哪些材料的隔音性能较好呢？怎样用实验方法进行鉴别呢？下面我们一起探究不同材料的隔音性能。

趣味探究

器材准备

身边常见的一些材料（如报纸、塑料薄膜、布料、木板、玻璃板、泡沫塑料板等），机械钟（或机械手表），手机（或其他音频较高的声源），小木盒（或厚纸盒），米尺，其他你认为需要的材料。

实验探究

1. 要探究不同材料的隔音性能，首先要设计一个科学可行的研究方案。请思考并确定你的研究方案。

我的设计

____

____

____

2. 与同学讨论你设计的实验方案的可行性。对实验方案进行修改，使其进一步完善。

我的修改

____

____

____

3. 根据实验方案进行实验，测取相关数据，得出实验结果。

实验数据与实验结果

____

____

____

实验参考方案：

要探究不同材料的隔音性能，可以有不同的研究思路和不同的研究方法。以下几则方案可供参考。

方案 1：改变人到声源的距离

1. 选一个钟表放进去后不会向外传声的小纸盒（比如在盒内四周铺垫一些绒布），在小纸盒顶部开一个小孔。

2. 将钟表放入盒中作为声源，再将纸盒盖上。

3. 选取相同厚度、不同材料的隔音板，分别覆盖在小孔上，如图 1 所示。

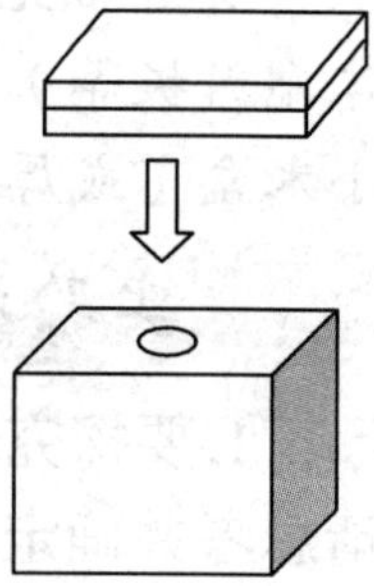

图 1

4. 让其中一位同学逐渐远离声源，直到恰好听不见声源发出的声音为止。

5. 测出该人的耳朵到声源（小孔）之间的距离。这个距离越小，说明这种材料的隔音性能越好。

6. 换用不同的声源（例如，手机发出的声音）进行研究，看看结果有什么不同。

方案 2：比较声音的大小

1. 声源制作同方案 1。

2. 将相同厚度、不同材料的隔音板分别覆盖在声源的小孔上。

3. 观察者站在同一位置（人到声源的距离不变），比较所听到的声音的大小。听到的声音越小，说明这种材料的隔音性能越好。

4. 换用不同的声源（例如手机发出的声音）进行研究，看看结果有什么不同。

方案 3：改变隔音材料的厚度

1. 声源制作同方案 1。

2. 观察者站在某一确定的位置（人到声源的距离不变）。

3. 将同种材料的隔音板覆盖在声源的小孔上，并一层一层地逐渐增加隔音板的厚度，直到恰好听不到声音为止。

4. 再换其他材料重复步骤 3。

5. 测出每种材料的隔音板总厚度。总厚度越小，说明这种材料的隔音性能越好。

6. 换用不同的声源（例如手机发出的声音）进行研究，看看结果有什么不同。

● 讨论与交流：上面的三种方案各自有什么优点与不足？研究方法上有什么相同之处？

讨论与交流

____

____

____

____

● 还可以设计哪些不同的方案？试试看，效果如何？

我的设计

____

____

____

____

超级链接

科海奇闻

据报道，20 世纪 60 年代初，美国空军在俄克拉荷马市上空做超音速飞行试验。飞机每天在一万米的高空飞行八次。半年以后，当地一个农场饲养的一万只鸡中，有六千只被飞机的轰鸣声夺去了生命，幸存的四千只鸡，有的羽毛全部掉光，有的干脆不下蛋了。罪魁祸首就是飞机的噪音。

噪声 ABC

噪声引起的耳病有耳鸣和耳聋两种。 噪声会损害眼睛，使人视力减弱，色觉、色视野发生异常，对所见事物判断失误。	高架路两侧的隔音墙一般用塑料板或薄钢板制作，双层内夹入吸声材料，并弯成一定弧度。使噪声被阻挡和不断反射而消耗能量。	确定一种声音是否为噪声，还要考虑人的生理和心理状态，如：音乐很优美，但当夜深人静时放音乐，就成了噪声。	噪声的克星是抗噪声的材料。如：多孔的纤维材料，当噪声进入小孔时，就会引起纤维振动，从而将能量消耗。	在马路两旁植树，树木有着浓密的枝叶，有很强的吸音能力。当噪声通过树木时，枝叶会吸收一部分声波，使声音减弱。
噪声可以发电，利用“声波接收器”将噪声存放之后，经“声电交换器”来发电。 噪声可使杂草提前生长，以便于除掉。	练歌房的墙面制成楔形图案状，当声波到达楔形物体后，反射的声波就钻进里面，无法反射出来，声波就大大地被吸收了。	城市噪声有四种：交通噪声、工业噪声、建筑施工噪声、生活噪声。 不少临马路的居民，为减少噪声干扰，在临街窗户安装双层窗。	喷气发动机是最大的人造噪声源之一。 为了喊小噪声，喷气发动机排气管为多孔装置。	机场附近的居民安眠药购买量与离机场远近的关系图像： 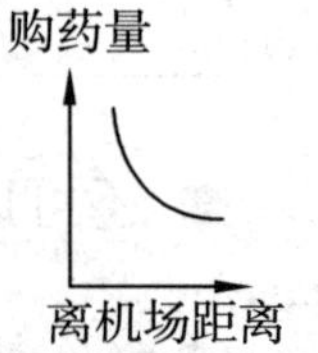

兴趣拓展

时空战车

摆在我们面前的，是在某电影中具有超酷外形和神勇表现的汽车，如图 2 所示。超越时空的设计理念使得该车的造型如概念车般夺人心魄，钻石割线般锐利的车身线条锋芒毕露。在车外听，它那强劲的发动机给人以震撼，但车内的噪声控制完全达到了豪华车的水准。驾驶舱与发动机舱之间的隔板使用复合钢板冲压而成，这种板材的结构就像三明治，两层钢板中间加一层塑料，隔音效果非常突出。

图 2

● 根据上文的介绍，尝试模仿三明治式的板材结构，在两层钢板（或其他板材）中间加一层塑料，检验它的隔音效果如何。

40　组建一支“物理交响乐团”

我们很多人都喜欢听交响乐，那气势庞大的乐队，各显神通的乐器，美妙动听的乐曲，带给人们美的享受。下面我们就根据物理原理，利用一些最简单的材料，制造一些与众不同的乐器，组建一支“物理交响乐团”。

知识平台

以下知识与这一探究活动有关，需要认真理解和运用。

声音及其特性

声音的产生：声音是由物体振动产生的。

音调：声音的高低，它决定于发音体振动的频率。

响度：声音的强弱，它决定于发音体振动的振幅。

音长：声音的长短，它决定于发音体振动持续时间的长短。

音色：声音的个性、特色，是一个音区别于另一个音的基本特征。它决定于发音体的振动形式，即决定于基音和泛音之间的关系。

趣味探究

器材准备

玻璃杯，木筷子，金属汤匙，高脚酒杯，空心钢管，铝管，塑料管，吸管，竹管，小铁锤，铁板，钢板，塑料板，剪刀，松香，其他金属板和金属管。

实验探究

1. 玻璃杯乐器

找几只相同的玻璃杯，在杯中装上不等量的水，然后用金属汤匙敲打同一玻璃杯的不同部分，再去敲打水量不同的玻璃杯，听听它发出了怎样的声音。发音情况与敲打的位置以及水量的多少是否有关？能不能用它们做成乐器进行演奏？试试看。将金属汤匙换成别的敲打用具，看看效果有何不同？将玻璃杯换成玻璃瓶，效果又如何？

实验记录：____________________________________。

2. 高脚酒杯乐器

找几只相同的高脚酒杯，杯壁尽可能薄一些，在杯中装上不等量的水，然后用一只手按住酒杯的底座，用另一只手的中指沾上水后在杯口边沿来回摩擦，听听它们摩擦后发出了怎样的声音。发音情况与摩擦的力度以及水量的多少是否有关？能不能用它们做成乐器进行演奏？试试看。将高脚酒杯换成其他的玻璃杯，效果又如何？

实验记录：____________________________________。

3. 金属管乐器

找几根长短不一的空心钢管，将它们用细线悬挂起来，然后用小铁锤轻轻敲打，听听它们发出了怎样的声音。发音情况与敲打的位置以及钢管的长短是否有关？能不能用它们做成乐器进行演奏？试试看。将小铁锤换成别的敲打用具，看看效果有何不同？将空心钢管换成别的金属管，效果又如何？

实验记录：____________________________________。

找几根长短不一的空心铝管，一只手握住铝管的中间，另一只手的大拇指和中指沾上松香后，用力夹住铝管并朝一个方向（由中间向外）摩擦铝管，然后迅速把手指移开，听听它们发出了怎样的声音。发音情况与摩擦的位置以及铝管的长短是否有关？能不能用它们做成乐器进行演奏？试试看。将空心铝管换成别的金属管，效果又如何？

实验记录：____________________________________。

4. 金属板乐器

找几块大小、厚度和形状不同的铁板，想办法将它们用细线悬挂起来，然后用小铁锤轻轻敲打，听听它们发出了怎样的声音。发音情况与敲打的位置以及铁板的大小、厚度和形状是否有关？能不能用它们做成乐器进行演奏？试试看。将小铁锤换成别的敲打用具，看看效果有何不同？将板换成别的金属板，效果又如何？

实验记录：____。

5. 吸管乐器

找几根大小、长短不一的吸管，将其中一端压扁后，剪成锐角，当作吹气口。用嘴唇夹紧吸管并向里吹气，听听它们发出了怎样的声音。发音情况与吸管的粗细及长短是否有关？能不能用它们做成乐器进行演奏？试试看。

如果在吸管的出气端能正好套一支稍大一些的吸管，通过推拉调整吸管的总长度，这时声音会跟着变化吗？用它来进行演奏，效果如何？

将一小块长方形塑料膜一端剪成半椭圆形，夹在吸管的吹气口，试一试效果如何。

实验记录：____。

6. 水管乐器

找几根大小、长短不一的塑料水管及配套的弯头，用塑料水管及弯头制成“L”形的形状，将较长端置于水平桌面（或地面），较短一端竖直直立。用一块比管口稍大的塑料板去拍打直立部分的管口，听听它们发出了怎样的声音。发音情况与水管的粗细及长短是否有关？能不能用它们做成乐器进行演奏？试试看。

实验记录：____。

7. 橡皮筋乐器

用三夹板做一个一侧开口的木箱，上面套上橡皮筋，木箱上表面用两个小三角形支柱将橡皮筋支撑起来，如图 1 所示。用手拨动套在木箱上的橡皮筋，听听它们发出了怎样的声音。发音情况与两个支柱的距离及橡皮筋的长短是否有关？能不能用它们做成乐器进行演奏？试试看。

实验记录：____。

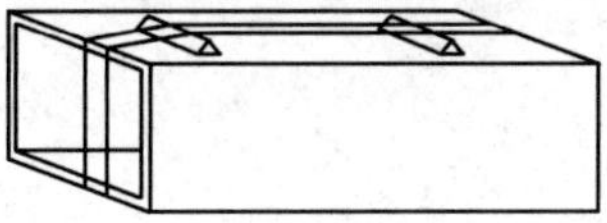

图 1

8. 竹管乐器

找一把笛子，仔细观察它的构造，以及各部分的尺寸，然后用一根竹管仿制一只竹管乐器——竹笛，贴上笛膜，试着吹奏，听听它们发出了怎样的声音。发音情况与竹管的粗细、长短及开孔的位置是否有关？能不能用它们进行演奏？试试看。

有条件的也可以自制一把葫芦丝。

实验记录：____。

● 你还能用简易材料自制其他一些发声乐器吗？谈谈你的设计，动手试试看！

我的设计

____

____

____

● 每个同学选取一、两种自己感兴趣的自制乐器进行制作，并坚持练习，不断提高自己的制作水平和演奏水平。

在乐器制作与训练过程中,你有些什么收获？说出来与大家交流、共享。

我要收获（来自自己的探究、来自合作同伴的影响、来自互相交流的启迪……）

____

____

____

当大家具备了一定的演奏水准之后，我们就可以用这些乐器来演奏乐曲了。推荐一名同学做乐队指挥，我们的“物理交响乐团”就宣告成立了。

让我们的“物理交响乐团”从班级走向校园，从校园走向社会，用物理学的魅力，用我们探究科学的认真态度、追求科学的执着精神，去感染每一位观众。

超级链接

乐器与音乐

乐器主要有管乐器、弦乐器、打击乐器等类型。管乐器是用木头或金属的管子制造的。当管子里的空气振动时，管子就会发出声音。竖笛或双簧管这类乐器的管子，都是用木头做的，称为木管乐器。黄铜制成的管子通常用来制造小喇叭或伸缩喇叭。这些乐器我们称为铜管乐器。弦乐器是用弦紧紧地绑在一个中空的盒子上制成的。弦的振动使市盒子和里面的空气依照相同的速率一起振动，使声音更大、更丰富。打击乐器是一种靠打击发声的节奏乐器，如鼓、摇铃和钟。任何东西只要在被打击或摇动时会制造有趣的声音，都可以用来当乐器。这种乐器大都只能发出一个音调。所有乐器都是使空气振动而产生音乐的，演奏家控制振动的频率和幅度，奏出不同的乐曲、节奏和韵律。

音乐能协调人体各器官的节奏，激发体内的能量。音乐的旋律、节奏、音调对人体有良好的影响，可调节人的精神活动和植物神经功能，产生镇静、安定、镇痛、兴奋、调节情绪及降压的功能，并能促进胃肠蠕动，增加消化液分泌，有利于食物的消化吸收。如节奏明快的乐曲，可增长肌肉力量；节奏徐缓的音乐，可使人呼吸平稳，脉搏有力；而优雅动听的音乐则可调节植物神经功能，有助于大脑休息。

兴趣拓展

奇妙的乐器

欣赏下面这张照片(图2)，看看这个人在干什么？你发现什么与众不同之处？

这是“维也纳第一蔬菜乐队”的一名乐手正在用蔬菜演奏乐曲。蔬菜竟然可以当乐器，在“音乐之都”维也纳，竟然会有这么独特的“蔬菜乐队”，这是多么奇妙的事物，音乐世界是多么的美妙！

图2

● 尝试用蔬菜自制一件乐器，看看能不能发声？能不能演奏乐曲？如果不行的话，与同学共同探讨其中的原因，并且不断改进你的蔬菜乐器。相信你一定会成功！

后记

本书是根据教育部颁布的《普通高中课程方案（实验）》的精神，依据新的课程理念和实施要求，自主开发的一本物理校本课程教材。2023 年，又根据《普通高中物理课程标准（2017 年版 2020 年修订）》的最新精神进行了修订。

本书设置了“神奇的双锥体”“威力无比的弹力球”“砸不烂的鸡蛋”等 40 个趣味物理探究活动，内容上力图实践高中新课程理念。每个探究活动可在一学时内完成。这些探究活动取材简单，趣味性强，既有助于学生学习物理知识与技能，又能让学生经历探究过程，领悟科学方法，发展自主学习能力，还能激发学生的好奇心与求知欲，让学生体验成功的乐趣，发展学生对科学探索的兴趣。

每个探究活动的结构包括：

知识平台——相关物理知识简介，为学生的探究活动搭建一个知识平台；

趣味探究——学生动手自主进行的探究活动，体现自主学习、合作学习和探究式学习的理念；

超级链接——介绍相关的奇闻轶事、新颖的科学观点、神奇的科学幻想等，以增长见识、开阔眼界；

兴趣拓展——从活动内容、空间、时间等方面对探究活动加以延伸、拓展，以利于进一步拓展兴趣，开拓创新。

学校在开设校本课程时，教师可以根据物理课程的教学进度和所学的物理知识，灵活选用本教材的各节内容进行教学，不必拘泥于本教材的章节顺序。

本书既可以作为各学校开设校本课程的教材，也可以作为物理教师的教学参考书，还可作为学生课外活动的活动用书，或青少年的科普读物。

本书的完成，得到了许多专家、教研员、教师、学生以及山东科学技术出版社的大力帮助，谨在此表示衷心的感谢。

按照新课程理念编写校本课程教材，这是一次尝试，书中难免存在各种各样的问题，我们恳请各方面人士提出宝贵意见（发送到主编的邮箱 g.x.huang@163.com），以利于进一步提高本书的质量。

本书编委会